Werner Krabs

Spieltheorie

Werner Krabs

Spieltheorie

Dynamische Behandlung von Spielen

B. G. Teubner Stuttgart · Leipzig · Wiesbaden

Bibliografische Information der Deutschen Bibliothek
Die Deutsche Bibliothek verzeichnet diese Publikation in der Deutschen Nationalbibliographie;
detaillierte bibliografische Daten sind im Internet über <http://dnb.ddb.de> abrufbar.

Prof. Dr. Werner Krabs
Geboren 1934. 1963 Promotion Universität Hamburg. 1967 - 1968 Visiting Assistant Prof. an der University of Washington in Seatlle. 1968 Habilitation Universität Hamburg. 1970 - 1972 Wissenschaftlicher Rat und Prof. RWTH Aachen. 1971 Visiting Associate Prof. Michigan State University East Lansing. 1977 Full Prof. Oregon State University Corvallis. 1972 - 1999 Professor an der TU Darmstadt. Emeritiert seit 1999. Arbeitsschwerpunkte: Approximation, Optimierung, Kontrolltheorie, Mathematische Modellierung, Dynamische Systeme.

1. Auflage März 2005

ISBN-13: 978-3-519-00523-0   e-ISBN-13: 978-3-322-80087-9
DOI: 10.1007/978-3-322-80087-9

Vorwort

Dieses Buch ist aus einer Vorlesung hervorgegangen, die ich im Sommersemester 2003 an der TU Darmstadt gehalten habe. Es besteht aus einer Einleitung, 4 Kapiteln und einem Anhang, in dem Hilfsmittel bereitgestellt werden. Die Einleitung geht von der berühmten Arbeit von John v. Neumann über die Theorie der Gesellschaftsspiele aus, mit der im Jahre 1928 die Spieltheorie begonnen hat, und gibt eine Übersicht über den Inhalt des Buches.

Kapitel 1 ist der Theorie der nicht-kooperativen Spiele gewidmet. Hier steht der Begriff des Nash-Gleichgewichtes im Zentrum der Überlegungen. Zum Nachweis der Existenz eines solchen in der gemischten Erweiterung eines n-Personen-Spiels mit endlichen Strategiemengen wird auf eine Originalarbeit von John Nash zurückgegriffen.

Kapitel 2 befaßt sich mit kooperativen Spielen. Hier spielt der Begriff des Core eine dominante Rolle, dessen Nichtleer-Sein garantiert, daß die große Koalition, d.h. ein Zusammenschluß aller Spieler, stabil ist in dem Sinne, daß ein Abweichen von dieser höchstens zu einer Verschlechterung führt.

In Kapitel 3 geht es um die Frage, unter welchen Bedingungen es möglich ist, ein nicht-kooperatives Spiel in ein kooperatives überzuführen, dessen Core nichtleer und in dem somit die große Koalition stabil ist.

In Kapitel 4 werden sog. dynamische Spiele behandelt, bei denen das Spiel mit einer zeitlichen Dynamik verknüpft wird. Hier geht es einerseits um die Frage der Steuerbarkeit dieser Dynamik in ein Gleichgewicht und das auf kooperative und nicht-kooperative Weise und andererseits um die asymptotische Stabilität von Nash-Gleichgewichten, insbesondere in Matrix-Evolutionsspielen und Bi-Matrixspielen.

Danken möchte ich Frau A. Garhammer für das Schreiben dieses Buches auf dem Computer und Herrn E. Kropat für die Anfertigung der Graphiken.

Darmstadt, September 2004   Werner Krabs

Inhaltsverzeichnis

Einleitung und Übersicht

Die Spieltheorie begann im Jahre 1928 mit einer Arbeit von John v. Neumann mit dem Titel "Zur Theorie der Gesellschaftsspiele" im Band 100 der Mathematischen Annalen. In dieser Arbeit geht er von folgender Fragestellung aus:

"n Spieler, $S_1, S_2, \ldots, S_n$, spielen ein gegebenes Gesellschaftsspiel G. Wie muß einer dieser Spieler, S_m, spielen, um dabei ein möglichst günstiges Resultat zu erzielen?"

Diese Fragestellung muß natürlich präzisiert werden. In einem ersten Schritt beschreibt John v. Neumann ein Gesellschaftsspiel folgendermaßen: "Ein Gesellschaftsspiel besteht aus einer bestimmten Reihe von Ereignissen, deren jedes auf endlich viele verschiedene Arten ausfallen kann. Bei gewissen unter diesen Ereignissen hängt der Ausfall vom Zufall ab, d.h.: es ist bekannt, mit welchen Wahrscheinlichkeiten die einzelnen Resultate eintreten werden, aber niemand vermag sie zu beeinflussen. Die übrigen Ereignisse aber hängen vom Willen der einzelnen Spieler $S_1, S_2, \ldots, S_n$ ab. D.h.: es ist bei jedem dieser Ereignisse bekannt, welcher Spieler S_m seinen Ausfall bestimmt, und von den Resultaten welcher anderer ("früherer") Ereignisse er im Moment seiner Entscheidung bereits Kenntnis hat. Nachdem der Ausfall aller Ereignisse bereits bekannt ist, kann nach einer festen Regel berechnet werden, welche Zahlungen die Spieler $S_1, S_2, \ldots, S_n$ aneinander zu leisten haben."

Diese Beschreibung gießt er nun in ein mathematisches Modell, das er schrittweise so vereinfacht, daß am Ende die folgende Normalform eines Gesellschaftsspieles herauskommt:

"Jeder der Spieler $S_1, S_2, \ldots, S_n$ wählt eine Zahl, und zwar S_m eine der Zahlen $1, 2, \ldots, \Sigma_m (m = 1, 2, \ldots, n)$. Jeder hat seinen Entschluß zu fassen, ohne über die Resultate der Wahlen seiner Mitspieler Kenntnis zu haben. Wenn Sie die Wahlen $x_1, x_2, \ldots, x_n$ getroffen haben ($x_m = 1, 2, \ldots, \Sigma_m, m =$

$1, 2, \ldots, n)$, so erhalten sie bzw. die folgenden Summen:

$$g_1(x_1, \ldots, x_n),\ g_2(x_1, \ldots, x_n), \ldots, g_n(x_1, \ldots, x_n).$$

(Dabei ist identisch $g_1 + g_2 + \cdots + g_n \equiv 0$.)

Der Zufall ist aus dem Spiel ganz herausgenommen: "die Handlungen aller Spieler bestimmen das Resultat restlos."

Zunächst wird der Fall $n = 2$ behandelt. Hier kann wegen $g_1 + g_2 \equiv 0$ gesetzt werden: $g_1 = g$ und $g_2 = -g$.

"Wenn nun S_1 die Zahl x ($x = 1, 2, \ldots, \Sigma_1$) gewählt hat, so hängt sein Resultat $g(x, y)$ auch noch von der Wahl y des S_2 ab, ist aber jedenfalls $\geq Min_y\, g(x, y)$. Und diese untere Grenze kann durch geeignete Wahl von x gleich $Max_x\, Min_y\, g(x, y)$ (und nicht größer!) gemacht werden. D.h. wenn S_1 es will, so kann er $g(x, y)$ (unabhängig von S_2!) jedenfalls

$$\geq Max_x\, Min_y\, g(x, y)$$

machen. Ebenso zeigt man: Wenn S_2 es will, so kann er $g(x, y)$ (unabhängig von S_1!) jedenfalls

$$\leq Min_y\, Max_x\, g(x, y)$$

machen.

Wenn nun

$$Max_x\, Min_y\, g(x, y) = Min_y\, Max_x\, g(x, y) = M$$

ist, so folgt aus dem Obigen, sowie daraus, daß S_1 das $g(x, y)$ möglichst groß und S_2 es möglichst klein machen will, daß $g(x, y)$ den Wert M haben wird. Denn S_1 hat das Interesse, es groß zu machen, und kann verhindern, daß es kleiner als M wird; S_2 hingegen hat das Interesse, es klein zu machen und kann verhindern, daß es größer als M wird. Folglich wird es den Wert M haben.

Nun ist zwar allgemein

$$Max_x\, Min_y\, g(x, y) \leq Min_y\, Max_x\, g(x, y), \tag{$*$}$$

aber es besteht keineswegs stets das $=$ -Zeichen."

John v. Neumann gibt dafür zwei Beispiele an. Das zweite davon ist das bekannte Knobelspiel "Stein-Schere-Papier" (vgl. dazu Abschnitt 1.1.4). Um nun in der Ungleichung $(*)$ Gleichheit zu erzwingen, bringt er wieder den Zufall ins Spiel und geht davon aus, daß der Spieler S_1 bzw. S_2 seine Zahl x bzw. y mit einer bestimmten Wahrscheinlichkeit $\xi_x \geq 0$ bzw. $\eta_y \geq 0$ (mit $\sum_{x=1}^{\Sigma_1} \xi_x = 1$ bzw. $\sum_{y=1}^{\Sigma_2} \eta_y = 1$) wählt. Setzt man

$$\xi = (\xi_1, \ldots, \xi_{\Sigma_1}) \quad \text{und} \quad \eta = (\eta_1, \ldots, \eta_{\Sigma_2}),$$

so ergibt sich für S_1 der (Auszahlungs-) Erwartungswert

$$h(\xi, \eta) = \sum_{x=1}^{\Sigma_1} \sum_{y=1}^{\Sigma_2} g(x, y)\, \xi_x\, \eta_y$$

und für S_2 der Erwartungswert $-h(\xi, \eta)$.

Wiederum läßt sich einsehen, daß gilt

$$Max_\xi\, Min_\eta\, h(\xi, \eta) \leq Min_\eta\, Max_\xi\, h(\xi, \eta). \qquad (**)$$

Entscheidend aber nun ist, daß in dieser Ungleichung allemal das Gleichheitszeichen gilt. John v. Neumann führt den Beweis hierfür, indem er die Bilinearform $h = h(\xi, \eta)$ sogar durch eine Funktion $f = f(\zeta, \eta)$ aus einer Funktionenklasse ersetzt, die die Bilinearformen enthält.

Anschließend behandelt er den Fall $n = 3$ und untersucht auch hier die Frage, ob man für jeden der drei Spieler einen Auszahlungswert finden kann, der ihm unabhängig vom Verhalten der beiden anderen Spieler garantiert werden kann. Diese Diskussion führen wir in einem etwas allgemeineren Rahmen in Abschnitt 1.2.2 durch.

Schließlich behandelt er auch noch den Fall eines allgemeinen $n \geq 2$ in Analogie zu den Fällen $n = 2$ und $n = 3$, gelangt aber nicht zu ähnlich abschließenden Ergebnissen wie dort.

In Abschnitt 1.1.3 wird gezeigt, daß die $Max - Min = Min - Max$-Aussage äquivalent ist zu einer Sattelpunktaussage, die für Gesellschaftsspiele folgendermaßen lautet:

$$h(\xi, \hat{\eta}) \leq h(\hat{\xi}, \hat{\eta}) \leq h(\hat{\xi}, \eta) \quad \text{für alle} \quad \xi, \eta.$$

Dabei ist

$$h(\hat{\xi}, \hat{\eta}) = Max_\xi\, Min_\eta\, h(\xi, \eta) = Min_\eta\, Max_\xi\, h(\xi, \eta).$$

Um diese beiden Aussagen rankt sich eine umfangreiche Theorie der Zwei-Personen-Nullsummenspiele. Insbesondere läßt sich ein Zusammenhang herstellen zwischen ihnen und dem Begriff der Dualität in der Theorie der linearen Optimierung, der in Abschnitt 1.1.5 dargestellt wird.

Einen interessanten Spezialfall von Zwei-Personen-Spielen stellen die sog. Baumspiele dar, die zunächst informell in Abschnitt 1.1.7.1 beschrieben werden, und zwar in extensiver Form als Spiele mit drei natürlichen Ausgängen: Entweder gewinnt Spieler 1, oder es gewinnt Spieler 2, oder das Spiel endet unentschieden. Das Schachspiel ist der Prototyp eines solchen Baumspieles. Es läßt sich nun mit einem einfachen Induktionsbeweis nach der maximalen Länge eines solchen Spieles beweisen, daß von den Spielern genau einer dieser natürlichen Ausgänge erzwungen werden kann. Weiter läßt sich jedem Baumspiel ein "normales" Zwei-Personen-Spiel zuordnen, von dem sich zeigen läßt, daß es mindestens ein Nash-Gleichgewicht besitzt (vgl. dazu Abschnitt 1.1.7.2).

Zwei-Personen-Nullsummen-Spiele sind nicht-kooperativ, d.h.: Jeder Spieler ist nur auf seinen Vorteil bedacht. Die Theorie der nicht-kooperativen n-Personen-Spiele (die nicht mehr notwendig Nullsummen-Spiele sind) wurde 1950 von John Nash einen entscheidenden Schritt vorangebracht. Er definiert in einer Arbeit über "Non-Cooperative Games", die 1951 in den Annals of Mathematics erschienen ist, ein sog. endliches Spiel als ein n-Personen-Spiel mit einer Menge von n Spielern oder Positionen, von denen jeder oder jede mit einer endlichen Menge reiner Strategien verknüpft ist und entsprechend jedem Spieler i eine Auszahlungsfunktion p_i zugeordnet ist, die die Menge aller n-tupel reiner Strategien in die reellen Zahlen abbildet.

Gemischte Strategien s_i werden definiert als Linearkombinationen reiner Strategien des jeweiligen Spielers i mit nicht-negativen Koeffizienten, deren Summe gleich Eins ist.

Für das erweiterte Spiel mit gemischten Strategien läßt sich dann jedem Spieler i eine Auszahlungsfunktion $\tilde{p}_i = \tilde{p}_i(s_1, \ldots, s_n)$ zuordnen, die eine Multilinearform in den s_i ist (vgl. dazu Abschnitt 1.2.1).

Nash verallgemeinert nun den Begriff des Sattelpunktes für Zwei-Personen-Nullsummen Spiele zum Begriff des Gleichgewichtes $(\hat{s}_1, \ldots, \hat{s}_n)$ eines allgemeinen nicht-kooperativen n-Personen-Spiels folgendermaßen: Es gilt

$$p_i(\hat{s}_1, \ldots, \hat{s}_n) \geq p_i(\hat{s}_1, \ldots, \hat{s}_{i-1}, s_i\, \hat{s}_{i+1}, \ldots, \hat{s}_n))$$

$$\text{für alle} \quad s_i \quad \text{und} \quad i = 1, \ldots, n.$$

Dieses Gleichgewicht wird heute Nash-Gleichgewicht genannt. In der genannten Arbeit wird die Existenz solcher Gleichgewichte in endlichen Spielen mit gemischten Strategien bewiesen (vgl. dazu ebenfalls Abschnitt 1.2.1).

Bei seinen Untersuchungen von n-Personen-Gesellschaftsspielen für $n \geq 3$ operiert John v. Neumann mit Koalitionen, die dadurch zustandekommen, daß die Spieler in so einer Koalition versuchen, die Summe ihrer Auszahlungswerte so groß wie möglich zu machen. Auf diesem Weg gelangt man zu kooperativen n-Personen-Spielen, die allgemein aus einer Menge $N = \{1, \ldots, n\}$ von Spielern oder Akteuren bestehen und einer Auszahlungsfunktion $v : 2^N \to I\!R$, die jeder nichtleeren Teilmenge K von N einen Auszahlungswert $v(K)$ zuordnet und der leeren Menge den Wert Null.

Auch diese Spiele wurden zum ersten Mal von John v. Neumann untersucht und in einem gemeinsamen Buch mit O. Morgenstern über "Theory of Games and Economic Behaviour" dargestellt, das im Jahre 1944 in Princeton erschienen ist (vgl. dazu Abschnitt 3.4).

Die kooperative Spieltheorie befaßt sich mit der Aufteilung des Gewinns $v(N)$ der "großen Koalition N" derart, daß jeder Spieler dabei höchstens mehr erhält, als wenn er alleine spielen würde. Das ist natürlich nur möglich, wenn die Bedingung

$$v(N) \geq \sum_{i \in N} v(\{i\})$$

erfüllt ist. Ist das der Fall, so ist die Menge der sog. Imputationen

$$I(v) = \{x \in I\!R^n | \ x_i \geq v(\{i\}) \quad \text{für alle} \quad i \in N \quad \text{und} \quad \sum_{i \in N} x_i = v(N)\}$$

nichtleer.

Die verschiedenen Lösungskonzepte für kooperative n-Personen-Spiele bestehen nun darin, jeweils eine gewisse Teilmenge von $I(v)$ auszuzeichnen und zu untersuchen, ob diese leer ist oder nicht.

Ein solches Lösungskonzept, welches auf John v. Neumann zurückgeht, wird in Abschnitt 2.1 vorgestellt.

Das wohl wichtigste Lösungskonzept ist das des Core eines n-Personen-Spiels, welcher in Abschnitt 2.2 untersucht wird.

Der Core ist eine Teilmenge von $I(v)$, bestehend aus allen $x \in I(v)$ derart, daß gilt

$$\sum_{i \in K} x_i \geq v(K) \quad \text{für alle nichtleeren Teilmengen} \quad K \subseteq N.$$

Wenn der Core nichtleer ist, so ist es das Beste für alle Spieler, sich in der großen Koalition zu vereinigen, d.h. total zu kooperieren.

Die von John v. Neumann vollzogene Einführung von Koalitionen in n-Personen-Gesellschaftsspielen kann man auch in allgemeinen nicht-kooperativen n-Personen-Spielen mit Strategiemengen $S_1, \ldots, S_n$ und Auszahlungsfunktionen $\phi_i : S_1 \times \cdots \times S_n \to I\!\!R$ für $i = 1, \ldots, n$ durchführen. Zu dem Zweck definieren wir für jede Menge $K \subseteq N = \{1, \ldots, n\}$, $K \neq \phi$,

$$\phi_K(s) = \sum_{i \in K} \phi_i(s), \ s \in S = S_1 \times \cdots \times S_n,$$

und damit

$$v(K) = \sup_{s \in S} \ \phi_K(s).$$

Annahme:

$$v(K) < +\infty \quad \text{für alle} \quad K \subseteq N, \ K \neq \phi.$$

Setzt man noch $v(\phi) = 0$, so ist $v : 2^N \to I\!\!R$ die Auszahlungsfunktion eines kooperativen n-Personen-Spiels.

Für jedes $K \subseteq N$, $K \neq \phi$, gilt

$$v(K) \leq \sum_{i \in K} v(\{i\}).$$

Ist nun $x \in I\!\!R^n$ ein Element des Core, so folgt notwendig

$$\sum_{i \in N} \underbrace{(x_i - v(\{i\}))}_{\geq 0} \leq 0 \quad (\text{wegen } v(N) \leq \sum_{i \in N} v(\{i\}))$$

und somit

$$x_i = v(\{i\}) \quad \text{für alle} \quad i = 1, \ldots, n.$$

Notwendig und hinreichend dafür, daß der Core nichtleer ist, ist daher die Bedingung

$$v(N) = \sum_{i \in I\!\!N} v(\{i\}).$$

Ist diese Bedingung erfüllt, so ist $(v(\{1\}), \ldots, v(\{n\}))$ das einzige Element des Core, und es ist gleichgültig, ob sich die Spieler in einer großen Koalition zusammenschließen oder jeder für sich seine Auszahlung maximiert.

Die Spieler können noch einen Schritt weitergehen und in einer Koalition nicht nur ihre Auszahlungsfunktionen addieren, sondern auch noch ihre Strategien zusammenfassen. Zu dem Zweck definieren wir für jede nichtleere Teilmenge K von N die Menge

$$S_K = \bigcup_{i \in K} S_i$$

und ersetzen die Menge $S = S_1 \times \cdots \times S_n$ durch

$$X_K = \{(s_1, \ldots, s_n) \mid s_i \in S_i \text{ für } i \notin K \text{ und } s_i \in S_K \text{ für } i \in K\}.$$

Offenbar ist für jedes $i = 1, \ldots, n$, $X_{\{i\}} = S$. Weiter gilt $X_N = S_N^n$. Nun nehmen wir an, daß die Auszahlungsfunktionen φ_i, $i = 1, \ldots, n$, auf S_N^n definiert werden können. Wegen $X_K \subseteq X_N = S_N^n$ für alle $K \subseteq N$, $K \neq \phi$, sind die φ_i, $i = 1, \ldots, n$, somit auch auf jedem X_K definiert. Für jedes $K \subseteq N$, $K \neq \phi$, setzen wir wieder

$$\varphi_K(s) = \sum_{i \in K} \varphi_i(s) \quad \text{für} \quad s \in X_K$$

und definieren damit

$$v(K) = \sup\{\varphi_K(s) \mid s \in X_K\}.$$

Wir machen wieder die Annahme

$$v(K) < +\infty \quad \text{für alle} \quad K \subseteq N, \ K \neq \phi.$$

Setzt man noch $v(\phi) = 0$, so ist $v : 2^N \to I\!R$ die Auszahlungsfunktion eines kooperativen n-Personen-Spiels.

Für jedes $K \subseteq N$, $K \neq \phi$, gilt jetzt

$$v(K) \geq \sup\{\sum_{i \in K} \varphi_i(s) \mid s \in S\},$$

so daß man nicht mehr auf

$$v(K) \leq \sum_{i \in K} v(\{i\})$$

schließen kann.

In Abschnitt 2.2.1 werden wir notwendige und hinreichende Bedingungen dafür angeben, daß der Core nichtleer ist.

Für konvexe Spiele, deren Auszahlungsfunktion $v : 2^N \to I\!R$ durch die Bedingung $v(K \cup \{i\}) - v(K) \leq v(L \cup \{i\}) - v(L)$ für alle $K, L, \{i\} \subseteq N$ mit $K \subseteq L \subseteq N \backslash \{i\}$ gekennzeichnet werden kann, läßt sich zeigen, daß der Core nichtleer ist, und eine einfache Methode angeben, nach der Core-Elemente berechnet werden können (vgl. Abschnitt 2.2.5).

In Abschnitt 2.3 wird ein ein-elementiges Lösungskonzept, der sog. τ-Wert, untersucht, der für sog. quasi-balancierte Spiele definiert werden kann, die die sog. balancierten Spiele (mit nichtleerem Core) enthalten. Es geht primär um die Frage, unter welchen Bedingungen der τ-Wert im Core enthalten ist. Als Beispiel für ein quasi-balanciertes Spiel wird in Abschnitt 2.4 ein sog. Kostenspiel behandelt.

Im Anschluß daran werden in Abschnitt 2.5 vier Anwendungsbeispiele untersucht.

In Kapitel 3 wird die Frage untersucht, unter welchen Bedingungen ein nicht-kooperatives Spiel mit Nebenbedingungen für die Strategien in ein kooperatives Spiel übergeführt werden kann derart, daß in diesem Spiel die große Koalition stabil ist, d.h., daß kein Anreiz besteht, von ihr abzuweichen.

In Kapitel 4 werden dynamische Spiele behandelt, die aus der Lösung eines Steuerbarkeitsproblems für ein dynamisches System hervorgehen. Als Anwendung wird ein Modell zur Reduktion der CO_2-Emission untersucht.

In Abschnitt 4.4 werden dynamische Evolutionsspiele untersucht, die in nicht-dynamischer Form in Abschnitt 1.1.6 eingeführt werden.

Abschnitt 4.5 befaßt sich mit dynamischen Bi-Matrix-Spielen und Abschnitt 4.6 allgemein mit dynamischen n-Personen-Spielen.

Schließlich werden in Kapitel 5, einem Appendix, einschlägige Sätze über lineare Ungleichungen und die Hauptsätze der linearen Optimierung zusammengestellt, die an mehreren Stellen benutzt werden.

Weiter wird in Abschnitt 5.3 ein Satz über asymptotisch stabile Fixpunkte in zeitdiskreten dynamischen Systemen bewiesen, der in Abschnitt 4.4 benötigt wird. In Abschnitt 5.4 wird der Fixpunktsatz von Kakutani dargestellt und benutzt, um die Existenz von Nash-Gleichgewichten zu beweisen.

Das Buch endet mit bibliographischen Bemerkungen in Abschnitt 5.4.

Kapitel 1

Nicht-kooperative Spiele

1.1 Zwei-Personen-Spiele

1.1.1 Definition und Nash-Gleichgewichte

Definition: Ein *Zwei-Personen-Spiel* Γ besteht aus einem Paar (nichtleerer) Mengen S und T und zwei reell-wertigen Funktionen ϕ_1 und ϕ_2 auf dem cartesischen Produkt $S \times T$.

Wir schreiben dafür kurz $\Gamma = (S, T, \phi_1, \phi_2)$.

Interpretation: S bzw. T ist die Strategiemenge eines Spielers P_1 bzw. P_2 in einem Spiel, und $\phi_1(s, t)$ bzw. $\phi_2(s, t)$ ist die Auszahlung an den Spieler P_1 bzw. P_2, wenn P_1 die Strategie s bzw. P_2 die Strategie t wählt.

Definition: Ein Spiel $\Gamma = (S, T, \phi_1, \phi_2)$ heißt *symmetrisch*, wenn gilt

$$S = T \quad \text{und} \quad \phi_1(s, t) = \phi_2(t, s) \quad \text{für alle} \quad (s, t) \in S \times S.$$

Beispiel: Das "Spiel" ist der ehemalige Ost-West-Konflikt. Die Spieler P_1 bzw. P_2 sind die USA bzw. die UdSSR. Die gemeinsame Strategiemenge $S = T$ besteht aus den beiden Strategien $A =$ Aufrüsten (armament) und $D =$ Abrüsten (disarmament).

Die Werte der Auszahlungsfunktionen ϕ_1 bzw. ϕ_2 lassen sich durch die beiden Matrizen

$$\begin{pmatrix} \phi_1(A,A) & \phi_1(A,D) \\ \phi_1(D,A) & \phi_1(D,D) \end{pmatrix} \quad \text{bzw.} \quad \begin{pmatrix} \phi_2(A,A) & \phi_2(A,D) \\ \phi_2(D,A) & \phi_2(D,D) \end{pmatrix}$$

darstellen, wobei gilt (in naheliegender Weise):

$$\phi_1(A,A) = \phi_2(A,A), \quad \phi_1(D,D) = \phi_2(D,D),$$
$$\phi_1(A,D) = \phi_2(D,A), \quad \phi_1(D,A) = \phi_2(A,D).$$

Es liegt also ein symmetrisches Spiel vor.

Jeder der beiden Spieler P_1 und P_2 möchte seine Auszahlung so groß wie möglich machen. Das ist aber i.a. nicht simultan möglich. Daher muß ein Kompromiß gefunden werden, der für beide Spieler in einem gewissen Sinne optimal ist. Das führt zu der folgenden

Definition: Ein Strategienpaar $(\hat{s}, \hat{t}) \in S \times T$ heißt ein *Nash-Gleichgewicht*, wenn gilt

$$\phi_1(\hat{s}, \hat{t}) \geq \phi_1(s, \hat{t}) \quad \text{für alle} \quad s \in S$$

und

$$\phi_2(\hat{s}, \hat{t}) \geq \phi_2(\hat{s}, t) \quad \text{für alle} \quad t \in T.$$

In dem obigen Beispiel ist das Strategienpaar $(A, A) \in S \times S$ ein Nash-Gleichgewicht, falls gilt

$$\phi_1(A,D) > \phi_1(D,D) > \phi_1(A,A) > \phi_1(D,A),$$

woraus folgt

$$\phi_2(D,A) > \phi_2(D,D) > \phi_2(A,A) > \phi_2(A,D).$$

In den letzten beiden Ungleichungsketten zeigt sich ein Dilemma. Erstrebenswert wäre für beide Spieler das Strategienpaar (D, D) als Nash-Gleichgewicht. Wenn aber einer der Spieler an der Strategie D festhält, während der andere abweicht, so erzielt der Abweichler eine Erhöhung seiner Auszahlung und damit eine Verbesserung.

Allgemein kann man sagen: Ein Nash-Gleichgewicht ist ein Strategienpaar derart, daß, wenn ein Spieler von der Strategie dieses Paares abweicht, während der andere an seiner Strategie in diesem Paar festhält, der Abweichler sich höchstens verschlechtern kann.

Es erhebt sich jetzt die Frage, unter welchen Bedingungen die Existenz eines Nash-Gleichgewichtes sichergestellt werden kann. Dazu machen wir die folgenden Annahmen:

1) Die Strategiemenge S bzw. T sei eine konvexe und kompakte Teilmenge eines $I\!R^m$ bzw. $I\!R^n$.

2) Die Auszahlungsfunktionen ϕ_1 und ϕ_2 seien stetig auf $S \times T$. Dann gilt der

Satz 1.1: Zusätzlich zu den Annahmen 1) und 2) gelte die folgende Annahme: Zu jedem Paar $(s^*, t^*) \in S \times T$ gibt es genau ein $\tilde{s} \in S$ und ein $\tilde{t} \in T$ mit

$$\phi_1(\tilde{s}, t^*) \geq \phi_1(s, t^*) \quad \text{für alle} \quad s \in S \tag{1.1}$$

und

$$\phi_2(s^*, \tilde{t}) \geq \phi_2(s^*, t) \quad \text{für alle} \quad t \in T. \tag{1.2}$$

Dann besitzt das Spiel $\Gamma = (S, T, \phi_1, \phi_2)$ ein Nash-Gleichgewicht.

Dieser Satz ist ein Spezialfall eines entsprechenden Satzes für n-Personen-Spiele, den wir später beweisen werden.

Wir wollen hier nur die Beweisidee skizzieren. Dazu definieren wir eine Abbildung $A = A_2 \circ A_1 : S \times T \to S \times T$ vermöge

$$A_1(s^*, t^*) = (\tilde{s}, t^*), \text{ wobei } \tilde{s} \in S \text{ die einzige Strategie mit (1.1) ist,}$$

und

$$A_2(s^*, t^*) = (s^*, \tilde{t}), \text{ wobei } \tilde{t} \in T \text{ die einzige Strategie mit (1.2) ist.}$$

Dann ist

$$A(s^*, t^*) = A_2(\tilde{s}, t^*) = (\tilde{s}, \tilde{t}^*) = (s^*, t^*), \text{ d.h. } (s^*, t^*) \text{ ein Fixpunkt von } A,$$

genau dann, wenn gilt

$$\phi_1(s^*, t^*) \geq \phi_1(s, t^*) \quad \text{für alle} \quad s \in S$$

und

$$\phi_2(s^*, t^*) \geq \phi_2(s^*, t) \quad \text{für alle} \quad t \in T,$$

d.h., wenn (s^*, t^*) ein Nash-Gleichgewicht ist.

Wenn man jetzt noch zeigt, daß die Abbildung $A : S \times T \to S \times T$ stetig ist,so folgt aus dem Brouwerschen Fixpunktsatz, daß A in $S \times T$ einen Fixpunkt besitzt, der dann zugleich ein Nash-Gleichgewicht ist.

Die Beweisskizze von Satz 1.1 gibt Anlaß zur Aufstellung eines Iterationsverfahrens zur Berechnung von Nash-Gleichgewichten. Wir legen dazu wieder die beiden obigen Annahmen 1) und 2) zugrunde.

Ausgehend von einem Paar $(s_0, t_0) \in S \times T$ konstruieren wir nun eine Folge $((s_k, t_k)_{k \in I\!N_0})$ folgendermaßen: Ist $(s_k, t_k) \in S \times T$ für ein $k \in I\!N_0$ vorgegeben, so wird zunächst ein $s_{k+1} \in S$ so bestimmt, daß gilt

$$\phi_1(s_{k+1}, t_k) \geq \phi_1(s, t_k) \quad \text{für alle} \quad s \in S$$

und dann ein $t_{k+1} \in T$ so, daß gilt

$$\phi_2(s_k, t_{k+1}) \geq \phi_2(s_k, t) \, \text{ für alle} \quad t \in T.$$

Wir nehmen an, daß ein $(\hat{s}, \hat{t}) \in S \times T$ existiert mit

$$(\hat{s}, \hat{t}) = \lim_{k \to \infty} (s_k, t_k).$$

Dann folgt

$$\phi_1(\hat{s}, \hat{t}) = \lim_{k \to \infty} \phi_1(s_{k+1}, t_k) \geq \lim_{k \to \infty} \phi_1(s, t_k) = \phi_1(s, \hat{t}) \, \text{für alle } s \in S$$

und

$$\phi_2(\hat{s}, \hat{t}) = \lim_{k \to \infty} \phi_2(s_k, t_{k+1}) \geq \lim_{k \to \infty} \phi_2(s_k, t) = \phi_2(\hat{s}, t) \, \text{für alle } t \in T,$$

d.h., $(\hat{s}, \hat{t}) \in S \times T$ is ein Nash-Gleichgewicht.

Im folgenden benötigen wir den Begriff der gemischten Strategie. Dazu definieren wir: Eine *gemischte Strategie* auf S bzw. T ist eine reell-wertige Funktion σ auf S bzw. τ auf T mit

$$\sigma(s) \geq 0 \text{ für alle } s \in S, \ \tau(t) \geq 0 \text{ für alle } t \in T,$$

$$\sigma(s) = 0 \text{ für fast alle } s \in S \text{ (d.h. alle, bis auf endlich viele)}$$

$$\tau(t) = 0 \text{ für fast alle } t \in T \text{ und}$$

$$\sum_{s \in S} \sigma(s) = 1, \ \sum_{t \in T} \tau(t) = 1.$$

Wir bezeichnen die Menge aller gemischten Strategien auf S bzw. T mit $\langle S \rangle$ bzw. $\langle T \rangle$.

Interpretation: Die Zahl $\sigma(s)$ bzw. $\tau(t)$ stellt die Wahrscheinlichkeit dar, mit der der Spieler P_1 bzw. P_2 die Strategie s bzw. t wählt.

Die Mengen S bzw. T der sog. reinen Strategien lassen sich in die Mengen $\langle S \rangle$ bzw. $\langle T \rangle$ der gemischten Strategien isomorph einbetten vermöge der Abbildungen $s \to \sigma_s$ mit $\sigma_s(s) = 1$ und $\sigma_s(s') = 0$ für alle $s' \neq s$ bzw. $t \to \tau_t$ mit $\tau_t(t) = 1$ und $\tau_t(t') = 0$ für alle $t' \neq t$. Definiert man auf der Menge $\langle S \rangle \times \langle T \rangle$ Auszahlungsfunktionen

$$\tilde{\phi}_i(\sigma, \tau) = \sum_{s \in S, t \in T} \sigma(s)\,\tau(t)\,\phi_i(s,t), \ (\sigma, \tau) \in \langle S \rangle \times \langle T \rangle \text{ für } i = 1,2,$$

so erhält man ein Zwei-Personen-Spiel $\langle \Gamma \rangle = (\langle S \rangle, \langle T \rangle, \tilde{\phi}_1, \tilde{\phi}_2)$, die sog. *gemischte Erweiterung* von $\Gamma = (S, T, \phi_1, \phi_2)$.

1.1.2　Bi-Matrix-Spiele

Vorgegeben sei ein Zwei-Personen-Spiel $\Gamma = (S, T, \phi_1, \phi_2)$ mit endlichen Strategiemengen S und T, etwa $S = (s_1, \ldots, s_m)$ und $T = (t_1, \ldots, t_n)$. Definiert man $m \times n$-Matrizen

$$A = (a_{ij}) \text{ und } B = (b_{ij})$$

vermöge

$$a_{ij} = \phi_1(s_i, t_j) \text{ und } b_{ij} = \phi_2(s_i, t_j)$$

$$\text{für } i = 1, \ldots, m \text{ und } j = 1, \ldots, n,$$

so kann man die Auszahlungsfunktionen ϕ_1 bzw. ϕ_2 durch die Matrizen A bzw. B darstellen. Daher nennt man ein Zwei-Personen-Spiel mit endlichen Strategiemengen auch ein *Bi-Matrix-Spiel*.

Dieses Spiel ist symmetrisch genau dann, wenn gilt

$$m = n \quad \text{und} \quad A = B^T.$$

Die Mengen $\langle S \rangle$ und $\langle T \rangle$ der gemischten Strategien sind Simplizes der Form

$$\langle S \rangle = \{x \in I\!R^m \mid x_i \geq 0 \text{ für } i = 1, \ldots, m \text{ und } \sum_{i=1}^{m} x_i = 1\} \text{ und}$$

$$\langle T \rangle = \{y \in I\!R^n \mid y_j \geq 0 \text{ für } j = 1, \ldots, n \text{ und } \sum_{j=1}^{n} y_i = 1\},$$

und die Auszahlungsfunktionen $\tilde{\phi}_1$ bzw. $\tilde{\phi}_2$ sind gegeben durch

$$\tilde{\phi}_1(x,y) = x^T A y \text{ bzw. } \tilde{\phi}_2(x,y) = x^T B y \text{ für } x \in \langle S \rangle \text{ und } y \in \langle T \rangle.$$

Ein Paar $(\hat{x}, \hat{y}) \in \langle S \rangle \times \langle T \rangle$ ist genau dann ein Nash-Gleichgewicht, wenn gilt

$$\hat{x}^T A \hat{y} \geq x^T A \hat{y} \quad \text{für alle} \quad x \in \langle S \rangle$$

und

$$\hat{x}^T B \hat{y} \geq \hat{x}^T B y \quad \text{für alle} \quad y \in \langle T \rangle.$$

Als Spezialfall eines berühmten Satzes von Nash erhält man den

Satz 1.2: Für jedes Zwei-Personen-Spiel mit endlichen Strategiemengen besitzt die gemischte Erweiterung mindestens ein Nash-Gleichgewicht.

Nash hat den gleichen Satz für n-Personen-Spiele bewiesen. Darauf werden wir später eingehen.

Wir wollen den Satz 1.2 an dem obigen Beispiel in Abschnitt 1.1.1 erläutern. Dazu wählen wir als Auszahlungsmatrizen

$$A = \begin{pmatrix} 2 & 4 \\ 1 & 3 \end{pmatrix} \quad \text{und} \quad B = \begin{pmatrix} 2 & 1 \\ 4 & 3 \end{pmatrix} = A^T.$$

Ist $(\hat{x}, \hat{y}) \in \langle S \rangle \times \langle T \rangle$ ein Nash-Gleichgewicht (das nach Satz 1.2 existiert), so ist

$$\hat{x}^T A \hat{y} \geq x^T A \hat{y} \text{ für alle } x \in \langle S \rangle \tag{$*$}$$

und

$$\hat{x}^T A^T \hat{y} \geq \hat{x}^T A^T y \text{ für alle } y \in \langle T \rangle. \tag{$**$}$$

Wegen

$$\hat{x}^T A \hat{y} = \hat{x}_1 - 2\hat{y}_1 + 3 \text{ und } x^T A \hat{y} = x_1 - 2\hat{y}_1 + 3$$

folgt aus $(*)$ $\hat{x}_1 \geq x_1$ für alle $x_1 \in [0,1]$, mithin $\hat{x}_1 = 1$, was $\hat{x}_2 = 0$ impliziert.

Analog folgt aus $(**)$ $\hat{y}_1 = 1$ und $\hat{y}_2 = 0$.

Daraus ergibt sich, daß die reine Strategie $\left(\begin{pmatrix} 1 \\ 0 \end{pmatrix}, \begin{pmatrix} 1 \\ 0 \end{pmatrix} \right)$ das einzige Nash-Gleichgewicht in der gemischten Erweiterung des Spieles ist.

Aufgabe 1: Man zeige, daß das einzige Nash-Gleichgewicht der Form $(\hat{x}, \hat{x})$ der gemischten Erweiterung des Spieles mit den Auszahlungsmatrizen

$$A = \begin{pmatrix} 1 & 4 \\ 2 & 3 \end{pmatrix} \quad \text{und} \quad B = \begin{pmatrix} 1 & 2 \\ 4 & 3 \end{pmatrix} = A^T$$

gegeben ist durch

$$\hat{x}_1 = \hat{x}_2 = \frac{1}{2}.$$

Als nächstes geben wir den

Beweis von Satz 1.2: Die beiden Bedingungen für ein Nash-Gleichgewicht $(\hat{x}, \hat{y}) \in \langle S \rangle \times \langle T \rangle$ sind gleichwertig mit

$$\hat{x}^T A \hat{y} = \max_{i=1,\ldots,m} e_i^T A \hat{y}, \quad \text{wobei} \quad e_i^T = (0, \ldots, 0, 1_i, 0, \ldots, 0),$$

und

$$\hat{x}^T B \hat{y} = \max_{j=1,\ldots,n} \hat{x}^T B e_j, \quad \text{wobei} \quad e_j = \begin{pmatrix} 0 \\ \vdots \\ 0 \\ 1 \\ 0 \\ \vdots \\ 0 \end{pmatrix} - j.$$

Definiert man für ein Paar $(x, y) \in \langle S \rangle \times \langle T \rangle$

$$\varphi_{1i}(x, y) = \max(0, e_i^T A y - x^T A y) \quad \text{für} \quad i = 1, \ldots, m$$

und

$$\varphi_{2j}(x, y) = \max(0, x^T B e_j - x^T B y) \quad \text{für} \quad j = 1, \ldots, n,$$

so sind die letzten beiden Bedingungen für ein Nash-Gleichgewicht $(\hat{x}, \hat{y}) \in \langle S \rangle \times \langle T \rangle$ gleichwertig mit

$$\left. \begin{array}{l} \varphi_{1i}(\hat{x}, \hat{y}) = 0 \text{ für alle } i = 1, \ldots, m \\[1em] \text{und} \\[1em] \varphi_{2j}(\hat{x}, \hat{y}) = 0 \text{ für alle } j = 1, \ldots, n. \end{array} \right\} \qquad (*)$$

Nun definieren wir für jedes Paar $(x, y) \in \langle S \rangle \times \langle T \rangle$ ein Paar $(\tilde{x}, \tilde{y}) \in \langle S \rangle \times \langle T \rangle$ vermöge

$$\tilde{x}_j = \frac{1}{1 + \sum\limits_{i=1}^{m} \varphi_{1i}(x,y)} \, (x_j + \varphi_{1j}(x,y)), \; j = 1, \ldots, m,$$

und

$$\tilde{y}_k = \frac{1}{1 + \sum\limits_{i=1}^{n} \varphi_{2j}(x,y)} \, (y_k + \varphi_{2k}(x,y)), \; k = 1, \ldots, n.$$

Dadurch erhalten wir eine stetige Abbildung von $\langle S \rangle \times \langle T \rangle$ in sich. Diese besitzt nach dem Brouwerschen Fixpunktsatz einen Fixpunkt $(\hat{x}, \hat{y})$, für den die Bedingungen $(*)$ erfüllt sein müssen und der damit ein Nash-Gleichgewicht ist.

Um das einzusehen, bemerken wir zunächst, daß für $\hat{x}_j = 0$ und $\hat{y}_k = 0$ für $j \in \{1, \ldots, m\}$ und $k \in \{1, \ldots, n\}$ notwendig $\varphi_{1j}(\hat{x}, \hat{y}) = \varphi_{2k}(\hat{x}, \hat{y}) = 0$ ist. Ist $\hat{x}_j > 0$ oder $\hat{y}_k > 0$ für ein $j \in \{1, \ldots, m\}$ oder $k \in \{1, \ldots, n\}$, so folgt für

$$e_{j_0}^T A \hat{y} = \min\{e_j^T A\hat{y} |\, \hat{x}_j > 0\} \quad \text{oder} \quad \hat{x}^T B e_{k_0} = \min\{\hat{x}^T B e_k|\, \hat{y}_k > 0\}$$

notwendig $\varphi_{1j_0}(\hat{x}, \hat{y})$ oder $\varphi_{2k_0}(\hat{x}, \hat{y}) = 0$. Daraus folgt aber

$$\varphi_{1j}(\hat{x}, \hat{y}) = 0 \text{ für alle } j = 1, \ldots, m \text{ oder } \varphi_{2k}(\hat{x}, \hat{y}) = 0 \text{ für alle } k = 1, \ldots, n,$$

weil sonst $\hat{x}_{j_0} > \hat{x}_{j_0}$ oder $\hat{y}_{k_0} < \hat{y}_{k_0}$ sein müßte, was nicht möglich ist.

Abschließend wollen wir an dem obigen Beispiel noch einmal mit Hilfe der Bedingung $(*)$ zeigen, daß $\left(\begin{pmatrix} 1 \\ 0 \end{pmatrix}, \begin{pmatrix} 1 \\ 0 \end{pmatrix} \right)$ das einzige Nash-Gleichgewicht ist. Ist $(\hat{x}, \hat{y}) \in \langle S \rangle \times \langle T \rangle$ ein Nash-Gleichgewicht, so gilt:

$$\varphi_{11}(\hat{x}, \hat{y}) = 0 \quad \Leftrightarrow \quad \hat{y}_1 \leq \hat{x}_1,$$
$$\varphi_{12}(\hat{x}, \hat{y}) = 0 \quad \text{und} \quad \varphi_{21}(\hat{x}, \hat{y}) = 0,$$
$$\varphi_{22}(\hat{x}, \hat{y}) = 0 \quad \Leftrightarrow \quad -2\hat{x}_1 - \hat{y}_1 + 3 \leq 0.$$

Hieraus ergibt sich notwendig $\hat{x}_1 = 1$, $\hat{x}_2 = 0$ und $\hat{y}_1 = 1$, $\hat{y}_2 = 0$.

Aufgabe 2: Man zeige, daß ein symmetrisches Bi-Matrix-Spiel ein Nash-Gleichgewicht der Form $(\hat{x}, \hat{x}) \in \langle S \rangle \times \langle S \rangle$ besitzt.

Dazu zeige man zunächst, daß $(\hat{x}, \hat{x})$ genau dann ein Nash-Gleichgewicht ist, wenn gilt

$$\hat{x}^T A \hat{x} = \max_{i=1,\ldots,n} e_i^T A \hat{x},$$

und verfahre danach wie im Beweis von Satz 1.2.

Man überlegt sich auch leicht, daß $(\hat{x}, \hat{x}) \in \langle S \rangle \times \langle S \rangle$ genau dann ein Nash-Gleichgewicht eines symmetrischen Bimatrix-Spieles ist, wenn gilt

$$\hat{x}^T A \hat{x} \geq x^T A \hat{x} \quad \text{für alle } x \in \langle S \rangle.$$

Das gibt Anlaß zu folgendem Iterationsverfahren zur Bestimmung eines Nash-Gleichgewichtes in einem symmetrischen Bimatrix-Spiel: Ausgehend von einem $x^0 \in \langle S \rangle$ wird folgendermaßen eine Folge $(x^k)_{k \in \mathbb{N}_0}$ in $\langle S \rangle$ konstruiert: Ist $x^k \in \langle S \rangle$ bereits konstruiert, so wird $x^{k+1} \in \langle S \rangle$ so bestimmt, daß gilt

$$(x^{k+1})^T A x^k \geq x^T A x^k \quad \text{für alle } x \in \langle S \rangle.$$

Gilt dann $x^k \to \hat{x}$ für ein $\hat{x} \in \langle S \rangle$, so folgt

$$\hat{x}^T A \hat{x} \geq x^T A \hat{x} \quad \text{für alle } x \in \langle S \rangle,$$

d.h. $(\hat{x}, \hat{x}) \in \langle S \rangle \times \langle S \rangle$ ist ein Nash-Gleichgewicht.

Beispiele:

1) $m = n = 2$, $A = \begin{pmatrix} 2 & 4 \\ 1 & 3 \end{pmatrix} = B^T$. Wir wählen $x^0 = (\frac{1}{2}, \frac{1}{2})^T$.

Dann ist $A x^0 = (3, 2)^T$ und

$$x^T A x^0 = 3x_1 + 2x_2 \text{ zu maximieren unter den Nebenbedingungen}$$
$$x_1 + x_2 = 1, \quad x_1 \geq 0, \quad x_2 \geq 0.$$

Wegen $x^T A x^0 = x_1 + 2$ ergibt sich als Lösung $x^1 = (1, 0)^T$. Damit erhalten wir weiter $A x^1 = (2, 1)^T$ und haben

$$x^T A x^1 = 2x_1 + x_2 \text{ zu maximieren unter den Nebenbedingungen}$$
$$x_1 + x_2 = 1, \quad x_1 \geq 0, \quad x_2 \geq 0.$$

Wegen $x^T A x^1 = x_1 + 1$ ergibt sich als Lösung $x^2 = (1,0)^T = x^1$ und somit $x^k = \hat{x} = (1,0)^T$ für alle $k \in I\!N$, woraus folgt, daß $\hat{x} = (1,0)^T$ ein Nash-Gleichgewicht ist.

2) $m = n = 3$, $A = \begin{pmatrix} 7 & 4 & 1 \\ 8 & 5 & 2 \\ 9 & 6 & 3 \end{pmatrix} = B^T$. Wir wählen $x^0 = (\frac{1}{3}, \frac{1}{3}, \frac{1}{3})^T$.

Dann ist $A x^0 = (4,5,6)^T$ und

$x^T A x^0 = 4x_1 + 5x_2 + 6x_3$ zu maximieren unter den Nebenbedingungen

$$x_1 + x_2 + x_3 = 1, \quad x_1 \geq 0, \quad x_2 \geq 0, x_3 \geq 0.$$

Wegen

$$\begin{aligned} x^T A x^0 &= 4x_1 + 5x_2 + 6(1 - x_1 - x_2) \\ &= 6 - 2x_1 - x_2 \text{ ergibt sich als Lösung } x^1 = (0,0,1)^T. \end{aligned}$$

Damit erhalten wir $A x^1 = (1,2,3)^T$ und haben

$$x^T A x^1 = x_1 + 2x_2 + 3x_3$$

zu maximieren unter den Nebenbedingungen

$$x_1 + x_2 + x_3 = 1, \quad x_1 \geq 0, \quad x_2 \geq 0, \quad x_3 \geq 0.$$

Wegen

$$\begin{aligned} x^T A x^1 &= x_1 + 2x_2 + 3(1 - x_1 - x_2) \\ &= 3 - 2x_1 - x_2 \text{ ergibt sich als Lösung } x^2 = (0,0,1)^T = x^1 \end{aligned}$$

und somit $x^k = \hat{x} = (0,0,1)^T$ für alle $k \in I\!N$, woraus folgt, daß $\hat{x} = (0,0,1)^T$ ein Nash-Gleichgewicht ist.

3) $m = n = 3$, $A = \begin{pmatrix} 7 & 5 & 3 \\ 8 & 4 & 2 \\ 9 & 5 & 1 \end{pmatrix} = B^T$. Wählt man $x^0 = (\frac{1}{2}, \frac{1}{3}, \frac{1}{6})^T$,

so ergibt sich $A x^0 = (\frac{17}{3}, \frac{17}{3}, \frac{19}{3})^T$ und wir haben

$$x^T A x^0 = \frac{17}{3} x_1 + \frac{17}{3} x_2 + \frac{19}{3} x_3$$

zu maximieren unter den Nebenbedingungen

$$x_1 + x_2 + x_3 = 1, \quad x_1 \geq 0, \quad x_2 \geq 0, \quad x_3 \geq 0.$$

Wegen $x^T A x^0 = \frac{19}{3} - \frac{2}{3} x_1 - \frac{2}{3} x_2$ ergibt sich $x^1 = (0,0,1)^T$.

Damit erhalten wir $A x^1 = (3,2,1)^T$ und haben

$$x^T A x^1 = 3x_1 + 2x_2 + x_3 \text{ zu maximieren unter den Nebenbedingungen}$$
$$x_1 + x_2 + x_3 = 1, \quad x_1 \geq 0, \quad x_2 \geq 0, \quad x_3 \geq 0.$$

Wegen $x^T A x^1 = 1 + 2x_2 + x_2$ ergibt sich $x^2 = (1,0,0)^T$.

Damit erhalten wir $A x^2 = (7,8,9)^T$ und haben

$$x^T A x^2 = 7x_1 + 8x_2 + 9x_3 \text{ zu maximieren unter den Nebenbedingungen}$$
$$x_1 + x_2 + x_3 = 1, \quad x_1 \geq 0, \quad x_2 \geq 0, \quad x_3 \geq 0.$$

Wegen $x^T A x^2 = 9 - 2x_1 - x_2$ ergibt sich $x^3 = (0,0,1)^T = x^1$.

Daraus ergibt sich, daß die Folge $(x^k)_{k \in I\!N_0}$ nicht konvergiert; denn es folgt

$$x^{2k-1} = (0,0,1)^T \text{ und } x^{2k} = (1,0,0)^T \text{ für alle } k \in I\!N.$$

Wir wählen nun $x^0 = (\frac{1}{4}, \frac{1}{2}, \frac{1}{4})$ und erhalten $A x^0 = (5, \frac{9}{2}, 5)^T$.

Damit ist

$$x^T A x^0 = 5x_1 + \frac{9}{2} x_2 + 5x_3 \text{ zu maximieren unter den Nebenbedingungen}$$
$$x_1 + x_2 + x_3 = 1, \quad x_1 \geq 0, \quad x_2 \geq 0, \quad x_3 \geq 0.$$

Wegen $x^T A x^0 = 5 - \frac{1}{2} x_2$ ergibt sich als Menge der Lösungen

$$\{(x_1, 0, x_3)^T \mid x_1 + x_3 = 1, x_1 \geq 0, x_3 \geq 0\}. \text{ Wir wählen } x_1 = x_3 = \frac{1}{2}$$

und erhalten $x^1 = (\frac{1}{2}, 0, \frac{1}{2})^T$. Damit ist

$$x^T A x^1 = 5(x_1 + x_2 + x_3) = 5 \text{ für alle } x_1 \geq 0, x_2 \geq 0, x_3 \geq 0 \text{ mit } x_1 + x_2 + x_3 = 1,$$

und $\hat{x} = (\frac{1}{2}, 0, \frac{1}{2})^T$ ist ein Nash-Gleichgewicht.

Der Beweis von Satz 1.2 gibt ebenfalls Anlaß zu einem Iterationsverfahren zur Berechnung von Nash-Gleichgewichten. Dazu betrachten wir die Abbildung $f = (f_1, f_2) : \langle S \rangle \times \langle T \rangle \to \langle S \rangle \times \langle T \rangle$, die gegeben ist durch

$$f_1(x,y)_j = \frac{1}{1 + \sum\limits_{i=1}^{m} \varphi_{1i}(x,y)} \, (x_j + \varphi_{1j}(x,y)), \ j = 1, \ldots, m,$$

und

$$f_2(x,y)_k = \frac{1}{1 + \sum\limits_{j=1}^{n} \varphi_{2j}(x,y)} \, (y_k + \varphi_{2k}(x,y)), \ k = 1, \ldots, n,$$

wobei

$$\varphi_{1i}(x,y) = \max(0, e_i^T Ay - x^T Ay) \ \text{ für } \ i = 1, \ldots, m$$

und

$$\varphi_{2j}(x,y) = \max(0, x^T Be_j - x^T By) \ \text{ für } \ j = 1, \ldots, n$$

ist. Diese Abbildung besitzt einen Fixpunkt, und jeder solche ist ein Nash-Gleichgewicht. Mit dieser Abbildung definieren wir nun ein Iterationsverfahren wie folgt: Ausgehend von einem Paar $(x^0, y^0) \in \langle S \rangle \times \langle T \rangle$ definieren wir eine Folge $(x^k, y^k)_{k \in \mathbb{N}_0}$ in $\langle S \rangle \times \langle T \rangle$ folgendermaßen: Ist (x^k, y^k) definiert, so setzen wir

$$x^{k+1} = f_1(x^k, y^k) \ \text{ und } \ y^{k+1} = f_2(x^k, y^k). \tag{$*$}$$

Konvergiert die Folge $(x^k, y^k)_{k \in \mathbb{N}_0}$ gegen ein Paar $(\hat{x}, \hat{y}) \in \langle S \rangle \times \langle T \rangle$, so ist $(\hat{x}, \hat{y})$ ein Fixpunkt von $f = (f_1, f_2)$ und somit ein Nash-Gleichgewicht.

Ein Beispiel: Sei $m = 2$, $n = 3$ und

$$A = \begin{pmatrix} 5 & 3 & 1 \\ 6 & 4 & 2 \end{pmatrix}, \quad B = \begin{pmatrix} 4 & 5 & 6 \\ 3 & 2 & 1 \end{pmatrix}.$$

Dann erhält man zunächst

$$\begin{aligned} e_1^T Ay &= 5y_1 + 3y_2 + y_3, \\ e_2^T Ay &= 6y_1 + 4y_2 + 2y_3, \\ x^T Ay &= 6y_1 + 4y_2 + 2y_3 - x_1, \end{aligned}$$

mithin

$$\begin{aligned}
e_1^T Ay - x^T Ay &= 5y_1 + 3y_2 + y_3 - 6y_1 - 4y_2 - 2y_3 + x_1 \\
&= -1 + x_1 < 0, \quad \text{falls } x_1 < 1,
\end{aligned}$$

und

$$e_2^T Ay - x^T Ay = 6y_1 + 4y_2 + 2y_3 - 6y_1 - 4y_2 - 2y_3 + x_1 = x_1 > 0,$$
$$\text{falls } x_1 > 0 \text{ ist.}$$

Daraus folgt

$$\varphi_{11}(x,y) = 0 \text{ und } \varphi_{12}(x,y) = x_1$$
$$\text{für alle } (x,y) \in \langle S \rangle \times \langle T \rangle \text{ mit } 0 < x_1 < 1$$

und weiter

$$f_1(x,y)_1 = \frac{x_1}{1+x_1} \text{ sowie } f_1(x,y)_2 = \frac{x_2+x_1}{1+x_1} = \frac{1}{1+x_1} = 1 - f_1(x,y)_1$$
$$\text{für alle } (x,y) \in \langle S \rangle \times \langle T \rangle \text{ mit } 0 < x_1 < 1.$$

Als nächstes erhält man

$$\begin{aligned}
x^T Be_1 &= 4x_1 + 3x_2 = 3 + x_1, \\
x^T Be_2 &= 5x_1 + 2x_2 = 2 + 3x_1, \\
x^T Be_3 &= 6x_1 + x_2 = 1 + 5x_1, \\
x^T By &= 3y_1 + 2y_2 + y_3 + x_1(y_1 + 3y_2 + 5y_3),
\end{aligned}$$

mithin

$$\begin{aligned}
x^T Be_1 - x^T By &= 3 - x_1(2y_2 + 4y_3) - 3y_1 - 2y_2 - y_3 > 0, \quad \text{falls } x_1 < \tfrac{1}{2}, \\
x^T Be_2 - x^T By &= 2 + x_1(2y_1 - 2y_3) - 3y_1 - 2y_2 - y_3 \\
&< 2 + y_1 - y_3 - 2y_2 - y_3 = 0, \quad \text{falls } y_1 > y_3 \text{ und } x_1 < \tfrac{1}{2}, \\
x^T Be_3 - x^T By &= 1 + x_1(4y_1 + 2y_2) - 3y_1 - 2y_2 - y_3 \\
&< 1 + 2y_1 + y_2 - 3y_1 - 2y_2 - y_3 = 0, \quad \text{falls } x_1 < \tfrac{1}{2}.
\end{aligned}$$

Daraus folgt

$$\begin{aligned}
\varphi_{21}(x,y) &= 3 - 3y_1 - 2(x_1 + 1)\,y_2 - (4x_1 + 1)\,y_3 > 0, \\
\varphi_{22}(x,y) &= \varphi_{23}(x,y) = 0 \text{ für alle } (x,y) \in \langle S \rangle \times \langle T \rangle \text{ mit } x_1 < \tfrac{1}{2},\, y_1 > y_3
\end{aligned}$$

und weiter

$$
\begin{aligned}
f_2(x,y)_1 &= \tfrac{y_1+\varphi_{21}(x,y)}{1+\varphi_{21}(x,y)} = 1 - f_2(x,y)_2 - f_2(x,y)_3, \\
f_2(x,y)_2 &= \tfrac{y_2}{1+\varphi_{21}(x,y)}, \\
f_2(x,y)_3 &= \tfrac{y_3}{1+\varphi_{21}(x,y)}
\end{aligned}
$$

für alle $x \in U = \{x \in \langle S \rangle \mid 0 < x_1 < \tfrac{1}{2}\}$ und $y \in V = \{y \in \langle T \rangle \mid y_1 > y_3\}$. Wählt man nun $(x^0, y^0) \in U \times V$ beliebig und definiert eine Folge $(x^k, y^k)_{k \in \mathbb{N}_0}$ vermöge $(*)$, so folgt wegen

$$f_1(x,y) < x_1, \ f_2(x,y)_2 < y_2, \ f_2(x,y)_3 < y_3, \quad \text{mithin}$$

$$f_1(x,y)_1 = 1 - f_2(x,y)_2 - f_2(x,y)_3 > 1 - y_2 - y_3 = y_1$$

für alle $(x,y) \in U \times V$

$$(x^k, y^k) \in U \times V \ \text{für alle} \ k \in \mathbb{N}_0.$$

Weiter folgt

$$x_1^k \to 0, \ x_2^k \to 1, \ y_1^k \to 1, \ y_2^k \to 0, \ y_3^k \to 0 \ \ (\text{Übung}),$$

und somit ist $(e_2, e_1) \in U \times V$ ein Nash-Gleichgewicht.

Wir kommen noch einmal auf die Bedingungen für ein Nash-Gleichgewicht $(\hat{x}, \hat{y}) \in \langle S \rangle \times \langle T \rangle$ zurück, die da lauten:

$$\hat{x}^T A \hat{y} \geq x^T A \hat{y} \quad \text{für alle} \quad x \in \langle S \rangle$$

und

$$\hat{x}^T B \hat{y} \geq x^T B \hat{y} \quad \text{für alle} \quad y \in \langle T \rangle.$$

Diese sind gleichbedeutend mit

$$
\left.
\begin{aligned}
&\hat{x}^T A \hat{y} = \max_{i=1,\dots,m} e_i^T A \hat{y}, \\
&\quad \text{wobei } e_i^T = (0,\dots,0,1_i,0,\dots,0), e_i \in \mathbb{R}^m, \\
&\hat{x}^T B \hat{y} = \max_{j=1,\dots,n} \hat{x}^T B e_j, \\
&\quad \text{wobei } e_j^T = (0,\dots,0,1_j,0,\dots,0), e_j \in \mathbb{R}^n.
\end{aligned}
\right\} \qquad (*)
$$

Definiert man $e^m \in I\!\!R^m$ bzw. $e^n \in I\!\!R^n$ vermöge $(e^m)^T = \underbrace{(1, \dots, 1)}_{m-mal}$ bzw.

$(e^n)^T = \underbrace{(1, \dots, 1)}_{n-mal}$ so kann man die letzten beiden Bedingungen auch in der

Form

$$(\hat{x}^T A \hat{y})\, e^m \geq A\hat{y} \quad \text{und} \quad (\hat{x}^T B \hat{y})\, e^n \geq B^T \hat{x}$$

schreiben.

Es gilt auch die

Behauptung: $(\hat{x}, \hat{y}) \in \langle S \rangle \times \langle T \rangle$ ist ein Nash-Gleichgewicht genau dann, wenn gilt

$$\left. \begin{array}{l} \hat{x}_k > 0 \Rightarrow e_k^T A\hat{y} = \max_{i=1,\dots,m}\, e_i^T A\hat{y} \\[2ex] \text{und} \\[2ex] \hat{y}_\ell > 0 \Rightarrow \hat{x}^T B e_\ell = \max_{j=1,\dots,n}\, \hat{x}^T B e_j. \end{array} \right\} \qquad (**)$$

Beweis:

1) Es gelte $(**)$; dann folgt

$$\hat{x}^T A\hat{y} = \sum_{\substack{k=1 \\ \hat{x}_k > 0}}^{m} \hat{x}_k (A\hat{y})_k = \max_{i=1,\dots,m}\, e_i^T A\hat{y}$$

und

$$\hat{x}^T B\hat{y} = \sum_{\substack{\ell=1 \\ \hat{y}_\ell > 0}}^{n} (\hat{x}^T B)_\ell\, \hat{y}_\ell = \max_{j=1,\dots,n}\, \hat{x}^T B e_j,$$

d.h., $(*)$ ist erfüllt.

2) Es gelte $(*)$; dann folgt

$$\max_{i=1,\dots,m}\, e_i^T A\hat{y} = \hat{x}^T A\hat{y} \leq \sum_{i=1}^{m} \hat{x}_i\, (\max_i\, e_i^T A\hat{y})$$

und

$$\max_{j=1,\dots,n}\, \hat{x}^T B e_j = \hat{x}^T B\hat{y} \leq \sum_{j=1}^{n} \hat{y}_j\, (\max_j\, \hat{x}^T B e_j),$$

woraus sich die beiden Implikationen (∗∗) unmittelbar ergeben.

Diese kann man auch in der Form

$$\hat{x}^T(A\hat{y} - (\hat{x}^T A\hat{y})e^m) = 0 \text{ und } \hat{y}^T(B^T\hat{x} - (\hat{x}B\hat{y})e^n) = 0$$

schreiben.

Definiert man

$$\hat{w} = -B^T\hat{x} + (\hat{x}^T B\hat{y}) \text{ und } \hat{v} = -A\hat{y} + (\hat{x}^T A\hat{y})e^n,$$

so folgt

$$\left.\begin{array}{c} \begin{pmatrix} \hat{v} \\ \hat{w} \end{pmatrix} = \begin{pmatrix} 0 & -A \\ -B^T & 0 \end{pmatrix} \begin{pmatrix} \hat{x} \\ \hat{y} \end{pmatrix} \\[2ex] + \begin{pmatrix} (\hat{x}^T A\hat{y})e^m \\ (\hat{x}^T B\hat{y})e^n \end{pmatrix} \geq \begin{pmatrix} 0 \\ 0 \end{pmatrix} \\[2ex] \text{und} \\[1ex] \hat{v}^T\hat{x} + \hat{w}^T\hat{y} = 0. \end{array}\right\} \qquad (\ast\ast\ast)$$

Diese beiden Bedingungen sind notwendig und hinreichend dafür, daß $(\hat{x}, \hat{y}) \in \langle S\rangle \times \langle T\rangle$ ein Nash-Gleichgewicht ist.

Nun sei $(x, y) \in \mathrm{I\!R}^m_+ \times \mathrm{I\!R}^n_+$, $x \neq 0$, $y \neq 0$ eine Lösung von

$$\begin{pmatrix} v \\ w \end{pmatrix} = \begin{pmatrix} 0 & -A \\ -B^T & 0 \end{pmatrix} \begin{pmatrix} x \\ y \end{pmatrix} + \begin{pmatrix} e^m \\ e^n \end{pmatrix} \geq \begin{pmatrix} 0 \\ 0 \end{pmatrix},$$

$$v^T x + w^T y = 0 \iff v^T x = 0 \text{ und } w^T y = 0.$$

Dann ist $(e^m)^T x > 0$ und $(e^n)^T y > 0$.

Weiter gilt

$$(e^m)^T x = x^T Ay \text{ und } (e^n)^T y = x^T By.$$

Setzt man

$$\hat{x} = \frac{1}{(e^m)^T x}\, x \text{ und } \hat{y} = \frac{1}{(e^n)^T y}\, y,$$

so folgt $(\hat{x}, \hat{y}) \in \langle S \rangle \times \langle T \rangle$ und

$$-A\hat{y} + \tfrac{1}{(e^n)^T y}\, e^m = -A\hat{y} + (\hat{x}^T A\hat{y})e^m > 0 \text{ sowie}$$

$$\hat{x}^T \underbrace{\left(-A\hat{y} + (\hat{y}^T A\hat{y})e^m\right)}_{\hat{v}} = \tfrac{1}{(e^m)^T x}\, x^T\!\left(-A\,\tfrac{1}{(e^n)^T y}y + (\hat{x}^T A\hat{y})e^m\right)$$

$$= \tfrac{1}{(e^m)^T x} \cdot \tfrac{1}{(e^n)^T y}\, x^T \underbrace{-Ay + e^m}_{v} = 0.$$

Analog folgt

$$-B^T\hat{x} + (\hat{x}^T B\hat{y})e^n \geq 0 \text{ und } \hat{y}(-B^T\hat{x} + (\hat{x}^T B\hat{y})e^n) = 0.$$

Die Bedingungen $(***)$ sind also erfüllt, und $(\hat{x}, \hat{y})$ ist somit ein Nash-Gleichgewicht.

Ist das Spiel $\Gamma = (\langle S \rangle, \langle T \rangle, \tilde{\phi}_1, \tilde{\phi}_2)$ symmetrisch, d.h. $m = n$, $A = B^T$, so ist $(\hat{x}, \hat{x}) \in \langle S \rangle \times \langle S \rangle$ genau dann ein Nash-Gleichgewicht, wenn gilt

$$\hat{v} = -A\hat{x} + (\hat{x}^T A\hat{x})\, e^m \geq 0 \text{ und } \hat{v}^T \hat{x} = 0.$$

Beispiele: $m = n = 2$,

$$A = \begin{pmatrix} 1 & 4 \\ 2 & 3 \end{pmatrix} = B^T, \; \hat{x} = \begin{pmatrix} \tfrac{1}{2} \\ \tfrac{1}{2} \end{pmatrix}.$$

Dann ist $\hat{v} = -\begin{pmatrix} 1 & 4 \\ 2 & 3 \end{pmatrix}\begin{pmatrix} \tfrac{1}{2} \\ \tfrac{1}{2} \end{pmatrix} + \tfrac{5}{2}\begin{pmatrix} 1 \\ 1 \end{pmatrix} = \begin{pmatrix} 0 \\ 0 \end{pmatrix}$ und $\hat{v}^T \hat{x} = 0.$

$$A = \begin{pmatrix} 2 & 4 \\ 1 & 3 \end{pmatrix} = B^T, \; \hat{x} = \begin{pmatrix} 1 \\ 0 \end{pmatrix}.$$

Dann ist $\hat{v} = -\begin{pmatrix} 2 & 4 \\ 1 & 3 \end{pmatrix}\begin{pmatrix} 1 \\ 0 \end{pmatrix} + 2\begin{pmatrix} 1 \\ 1 \end{pmatrix} = \begin{pmatrix} 0 \\ 1 \end{pmatrix}$ und $\hat{v}^T \hat{x} = 0.$

1.1.3 Nullsummen-Spiele

Definition: Ein Zwei-Personen-Spiel $\Gamma = (S, T, \phi_1, \phi_2)$ heißt *Nullsummen-Spiel*, wenn gilt $\phi_1 + \phi_2 \equiv 0$, d.h. wenn der Gewinn des einen Spielers gleich dem Verlust des anderen ist.

Definiert man $\phi = \phi_1$, so ist $\phi_2 = -\phi$ und ein Strategienpaar $(\hat{s}, \hat{t}) \in S \times T$ genau dann ein Nash-Gleichgewicht, wenn gilt

$$\phi(s, \hat{t}) \leq \phi(\hat{s}, \hat{t}) \leq \phi(\hat{s}, t) \quad \text{für alle} \quad (s, t) \in S \times T. \tag{1.3}$$

Man nennt daher auch ein Nash-Gleichgewicht einen *Sattelpunkt* des Nullsummen-Spiels $\Gamma = (S, T, \phi, -\phi)$.

Die Aussage (1.3) ist gleichbedeutend mit der Aussage

$$\phi(\hat{s}, \hat{t}) = \max_{s \in S} \phi(s, \hat{t}) = \min_{t \in T} \phi(\hat{s}, t).$$

Setzt man $\omega = \phi(\hat{s}, \hat{t})$, so folgt

$$\omega \geq \phi(s, \hat{t}) \quad \text{für alle} \quad s \in S$$

und

$$\omega \leq \phi(\hat{s}, t) \quad \text{für alle} \quad t \in T. \tag{1.4}$$

Man nennt ω den *Wert des Spieles* Γ.

Satz 1.3: Ein Nullsummen-Spiel Γ hat höchstens einen Wert.

Beweis: Seien $(\hat{s}_1, \hat{t}_1)$ und $(\hat{s}_2, \hat{t}_2)$ aus $S \times T$ zwei Sattelpunkte. Dann folgt aus (1.4)

$$\omega_1 = \phi(\hat{s}_1, \hat{t}_1) \geq \phi(\hat{s}_2, \hat{t}_1) \geq \omega_2 \geq \phi(\hat{s}_1, \hat{t}_2) \geq \phi(\hat{s}_1, \hat{t}_1) = \omega_1,$$

mithin $\omega_1 = \omega_2$.

Den Wert eines Nullsummen-Spieles kann man auch noch anders definieren. Dazu nehmen wir an, daß S und T kompakte metrische Räume sind und $\phi : S \times T \to I\!\!R$ stetig ist. Dann gibt es für jedes Paar $(s^*, t^*) \in S \times T$ ein Paar $(\tilde{s}, \tilde{t}) \in S \times T$ mit

$$\phi(s^*, \tilde{t}) = \min_{t \in T} \phi(s^*, t)$$

und

$$\phi(\tilde{s}, t^*) = \max_{s \in S} \phi(s, t^*).$$

Weiter sind die Funktionen

$$s \to \min_{t \in T} \phi(s, t), \, s \in S, \quad \text{und} \quad t \to \max_{s \in S} \phi(s, t), \, t \in T,$$

stetig.

Offenbar gilt für jedes $s \in S$

$$\min_{t \in T} \phi(s,t) \leq \phi(s,\tilde{t}) \ \text{ für alle } \tilde{t} \in T.$$

Daraus folgt

$$\max_{s \in S} \min_{t \in T} \phi(s,t) \leq \max_{s \in S} \phi(s,\tilde{t}) \ \text{ für alle } \tilde{t} \in T$$

und weiter

$$\max_{s \in S} \min_{t \in T} \phi(s,t) \leq \min_{t \in T} \max_{s \in S} \phi(s,t). \tag{1.5}$$

Satz 1.4: Gilt in (1.5) das Gleichheitszeichen, so ist

$$\omega = \max_{s \in S} \min_{t \in T} \phi(s,t) = \min_{t \in T} \max_{s \in S} \phi(s,t) \tag{1.6}$$

der Wert des Spieles $\Gamma = (S, T, \phi, -\phi)$.

Beweis: Wir haben zu zeigen, daß es einen Sattelpunkt $(\hat{s}, \hat{t}) \in S \times T$ gibt
mit $\phi(\hat{s}, \hat{t}) = \omega$.

Definiert man

$$\phi_M(t) = \max_{s \in S} \phi(s,t) \ \text{ für jedes } t \in T$$

und

$$\phi_m(s) = \min_{t \in T} \phi(s,t) \ \text{ für jedes } s \in S$$

und wählt $(\hat{s}, \hat{t}) \in S \times T$ so, daß gilt

$$\phi_M(\hat{t}) = \min_{t \in T} \phi_M(t) \ \text{ und } \ \phi_m(\hat{s}) = \max_{s \in S} \phi_m(s),$$

so folgt aus (1.6), daß gilt $\phi_M(\hat{t}) = \phi_m(\hat{s})$ und daraus

$$\phi(s, \hat{t}) \leq \phi_M(\hat{t}) = \phi_m(\hat{s}) \leq \phi(\hat{s}, t) \ \text{ für alle } (s,t) \in S \times T.$$

Damit ist $(\hat{s}, \hat{t}) \in S \times T$ ein Sattelpunkt und $\phi(\hat{s}, \hat{t}) = \omega$.

Umgekehrt folgt aus der Existenz eines Sattelpunktes $(\hat{s}, \hat{t}) \in S \times T$ die Aussage (1.6) mit $\omega = \phi(\hat{s}, \hat{t})$.

Zunächst folgt aus der Sattelpunktseigenschaft

$$\phi_m(\hat{s}) \geq \phi(\hat{s}, \hat{t}) \geq \phi_M(\hat{t}).$$

Andererseits folgt aus (1.5)

$$\phi_m(s) \leq \phi_M(t) \text{ für alle } s \in S \text{ und } t \in T.$$

Damit ist $\phi_m(\hat{s}) = \phi_M(\hat{t}) = \phi(\hat{s}, \hat{t})$ und somit

$$\phi(\hat{s}, \hat{t}) = \max_{s \in S} \phi_m(s) = \min_{t \in T} \phi_M(t),$$

womit alles gezeigt ist.

Wir nehmen jetzt zusätzlich an, daß S bzw. T eine konvexe und kompakte Teilmenge eines $I\!R^m$ bzw. $I\!R^n$ ist und $\phi : S \times T \to I\!R$ wiederum stetig.

Dann ergibt sich aus Satz 1.1 der

Satz 1.5: Gibt es zusätzlich zu der obigen Annahme zu jedem Paar $(s^*, t^*) \in S \times T$ genau ein $\tilde{s} \in S$ und ein $\tilde{t} \in T$ mit

$$\phi(\tilde{s}, t^*) \geq \phi(s, t^*) \text{ für alle } s \in S$$

und

$$\phi(s^*, \tilde{t}) \leq \phi(s^*, t) \text{ für alle } t \in T,$$

so besitzt das Spiel $\Gamma = (S, T, \phi, -\phi)$ einen Sattelpunkt.

Aus der Symmetrie-Definition für ein Zwei-Personen-Spiel ergibt sich für Nullsummen-Spiele die

Definition: Ein Spiel $\Gamma = (S, T, \phi, -\phi)$ ist symmetrisch genau dann, wenn gilt $S = T$ und

$$\phi(s, t) = -\phi(t, s) \text{ für alle } (s, t) \in S \times S.$$

Daraus folgt insbesondere

$$\phi(s, s) = 0 \text{ für alle } s \in S.$$

Für symmetrische Nullsummen-Spiele gilt nun der

Satz 1.6: Ein symmetrisches Spiel $\Gamma = (S, T, \phi, -\phi)$ besitzt genau dann einen Sattelpunkt, wenn eine Strategie $\bar{s} \in S$ existiert mit

$$\phi(\bar{s}, s) \geq 0 \text{ für alle } s \in S. \tag{1.7}$$

Beweis:

1) Sei $(\bar{s}, \bar{s}') \in S \times S$ ein Sattelpunkt; dann gilt

$$\phi(\bar{s}, s) \geq \phi(s', \bar{s}') \text{ für alle } s, \ s' \in S$$

und insbesondere

$$\phi(\bar{s}, s) \geq \phi(\bar{s}', \bar{s}') = 0 \text{ für alle } s \in S.$$

2) Sei $\bar{s} \in S$ gegeben, so daß (1.7) gilt; dann folgt

$$\phi(s', \bar{s}) \leq 0 \text{ für alle } s' \in S$$

und daher

$$\phi(\bar{s}, s) \geq \phi(\bar{s}, \bar{s}) = 0 \geq \phi(s', \bar{s}) \text{ für alle } s, \ s' \in S.$$

Damit ist $(\bar{s}, \bar{s})$ ein Sattelpunkt und $\omega = 0$ der Wert des Spieles.

Definition: Ist $\Gamma = (S, T, \phi, -\phi)$ ein Nullsummen-Spiel, so heißt das Nullsummen-Spiel $\hat{\Gamma} = (S \times T, S \times T, \hat{\phi}, -\hat{\phi})$ mit

$$\hat{\phi}((s, t), (s', t')) = \phi(s, t') - \phi(s', t) \text{ für } (s, t), \ (s', t') \in S \times T$$

die *Symmetrisierung* von Γ.

Sicher ist $\hat{\Gamma}$ symmetrisch, denn es ist

$$\hat{\phi}((s, t), (s, t')) = \phi(s, t') - \phi(s', t) = -(\phi(s', t) - \phi(s, t')) = -\hat{\phi}((s', t'), (s, t))$$

für alle $(s, t), \ (s', t') \in S \times T$.

Satz 1.7: Das Spiel Γ besitzt einen Sattelpunkt genau dann, wenn $\hat{\Gamma}$ einen Sattelpunkt besitzt.

Beweis: Das Paar $(\bar{s}, \bar{t}) \in S \times T$ ist genau dann ein Sattelpunkt in Γ, wenn gilt

$$\phi(\bar{s}, t) \geq \phi(s, \bar{t}) \text{ für alle } (s, t) \in S \times T,$$

was gleichbedeutend ist mit

$$\hat{\phi}((\bar{s}, \bar{t}), (s, t)) = \phi(\bar{s}, t) - \phi(s, \bar{t}) \geq 0 \text{ für alle } (s, t) \in S \times T.$$

Das wiederum ist nach Satz 1.6 äquivalent dazu, daß $\hat{\Gamma}$ einen Sattelpunkt besitzt.

Man wird erwarten, daß ein analoger Satz auch für die gemischte Erweiterung von Γ und $\hat{\Gamma}$ gilt. In der Tat gilt der

Satz 1.8: Sei Γ ein Nullsummen-Spiel. Dann besitzt seine gemischte Erweiterung $\langle \Gamma \rangle$ genau dann einen Sattelpunkt, wenn die gemischte Erweiterung $\langle \hat{\Gamma} \rangle$ von $\hat{\Gamma}$ einen Sattelpunkt besitzt.

Beweis:

1) Sei $(\bar{\sigma}, \bar{\tau}) \in \langle S \rangle \times \langle T \rangle$ ein Sattelpunkt in $\langle \Gamma \rangle$; dann gilt

$$\tilde{\phi}(\bar{\sigma}, t') = \sum_{s \in S} \bar{\sigma}(s)\, \phi(s, t') \geq \tilde{\phi}(\bar{\sigma}, \bar{t})$$

$$\text{für alle } t' \in T$$

und

$$-\tilde{\phi}(s', \bar{\tau}) = - \sum_{t \in T} \bar{\tau}(t)\, \phi(s', t) \geq -\tilde{\phi}(\bar{\sigma}, \bar{t})$$

$$\text{für alle } s' \in S. \tag{$*$}$$

Definiert man

$$\overline{\sigma\tau}(s, t) = \bar{\sigma}(s)\, \bar{\tau}(t) \text{ für } (s, t) \in S \times T,$$

so ist $\overline{\sigma\tau}$ eine gemischte Strategie in $\langle \hat{\Gamma} \rangle$; denn

$$\sum_{s \in S, t \in T} \overline{\sigma\tau}(s, t) = \sum_{s \in S, t \in T} \bar{\sigma}(s)\, \bar{\tau}(t) = \sum_{s \in S} [\bar{\sigma}(s) \sum_{t \in T} \bar{\tau}(t)] = \sum_{s \in S} \bar{\sigma}(s) = 1.$$

Daraus folgt für jede reine Strategie $(s, t') \in S \times T$ von Spieler P_2 in $\langle \hat{\Gamma} \rangle$

$$
\begin{aligned}
\hat{\phi}(\overline{\sigma \tau}, (s', t')) &= \sum_{s \in S, t \in T} \bar{\sigma}(s) \bar{\tau}(t)\, \hat{\phi}((s, t), (s', t')) \\
&= \sum_{s \in S, t \in T} \bar{\sigma}(s) \bar{\tau}(t)\, [\phi(s, t') - \phi(s', t)] \\
&= \sum_{s \in S} \bar{\sigma}(s)\, \phi(s, t') - \sum_{t \in T} \bar{\tau}(t)\, \phi(s', t) \geq 0
\end{aligned}
$$

als Folge von (∗). Dieselbe Ungleichung gilt auch, wenn man (s', t') durch eine gemischte Strategie von P_2 in $\langle \hat{\Gamma} \rangle$ ersetzt. Nach Satz 1.6 besitzt daher $\langle \hat{\Gamma} \rangle$ einen Sattelpunkt.

2) Die gemischte Erweiterung $\langle \hat{\Gamma} \rangle$ von $\hat{\Gamma}$ besitze einen Sattelpunkt. Dann gibt es nach Satz 1.6 eine Strategie $\bar{\rho} \in \langle S \times T \rangle$ mit

$$
0 \leq \hat{\phi}(\bar{\rho}, (s', t')) = \sum_{s \in S, t \in T} \bar{\rho}(s, t)\, [\phi(s, t') - \phi(s', t)]. \qquad (**)
$$

Definiert man

$$
\bar{\sigma}(s) = \sum_{t \in T} \bar{\rho}(s, t) \text{ und } \bar{\tau}(t) = \sum_{s \in S} \bar{\rho}(s, t),
$$

so sind $\bar{\sigma}$ und $\bar{\tau}$ gemischte Strategien in Γ, d.h. $\bar{\sigma} \in \langle S \rangle$ und $\bar{\tau} \in \langle T \rangle$, und aus (∗∗) folgt

$$
0 \leq \sum_{s \in S} \bar{\sigma}(s)\, \phi(s, t') - \sum_{t \in T} \bar{\tau}(t)\, \phi(s', t)
$$

oder

$$
\phi(\bar{\sigma}, t') \geq \phi(s', \bar{\tau}) \text{ für alle } (s', t') \in S \times T.
$$

Daraus folgt

$$
\phi(\bar{\sigma}, \tau') \geq \phi(\sigma', \bar{\tau}) \text{ für alle } (\sigma', \tau') \in \langle S \rangle \times \langle T \rangle.
$$

Damit ist $(\bar{\sigma}, \bar{\tau})$ ein Sattelpunkt von $\langle \Gamma \rangle$.

1.1.4   Matrix-Spiele

Vorgegeben sei ein Nullsummen-Spiel $\Gamma = (S, T, \phi, -\phi)$ mit endlichen Stategiemengen S und T, etwa $S = (s_1, \ldots, s_m)$ und $T = (t_1, \ldots, t_n)$. Definiert man eine $m \times n$-Matrix $A = (a_{ij})$ vermöge

$$a_{ij} = \phi(s_i, t_j) \text{ für } i = 1, \ldots, m \text{ und } j = 1, \ldots, n,$$

so kann man die Auszahlungsfunktion ϕ durch die Matrix A darstellen. Daher nennt man ein Nullsummen-Spiel mit endlichen Strategiemengen auch ein *Matrix-Spiel*. Dieses Spiel ist symmetrisch genau dann, wenn gilt

$$m = n \text{ und } A = -A^T.$$

Die Mengen $\langle S \rangle$ und $\langle T \rangle$ der gemischten Strategien sind Simplizes der Form

$$\langle S \rangle = \{x \in I\!R^m| \; x_i \geq 0 \text{ für } i = 1, \ldots, m \text{ und } \sum_{i=1}^{m} x_i = 1\} \text{ und}$$

$$\langle T \rangle = \{y \in I\!R^n| \; y_j \geq 0 \text{ für } j = 1, \ldots, n \text{ und } \sum_{j=1}^{n} y_j = 1\},$$

und die Auszahlungsfunktion

$$\tilde{\phi}(\sigma, \tau) = \sum_{s \in S, t \in T} \sigma(s)\tau(t)\phi(s, t), \; (\sigma, s) \in \langle S \rangle \times \langle T \rangle,$$

ist darstellbar als

$$\tilde{\phi}(x, y) = x^T A y \text{ für alle } x \in \langle S \rangle \text{ und } y \in \langle T \rangle.$$

Ein Paar $(\hat{x}, \hat{y}) \in \langle S \rangle \times \langle T \rangle$ ist genau ein Sattelpunkt, wenn gilt

$$x^T A\hat{y} \leq \hat{x}^T A\hat{y} \leq \hat{x}^T A y \text{ für alle } x \in \langle S \rangle \text{ und } y \in \langle T \rangle.$$

Aus Satz 1.2 ergibt sich unmittelbar der

Satz 1.9: Für jedes Nullsummen-Spiel mit endlichen Strategiemengen besitzt die gemischte Erweiterung mindestens einen Sattelpunkt.

Wir wollen hier einen Beweis geben, der die Theorie der linearen Ungleichungen verwendet.

Auf Grund von Satz 1.8 können wir annehmen, daß das Spiel symmetrisch ist. Ist A seine Auszahlungsmatrix, so gilt also $A = -A^T$. Nach Satz 1.6 müssen wir zeigen, daß es eine Strategie $\bar{x} \in \langle S \rangle$ gibt mit

$$\bar{x}^T A y \geq 0 \text{ für alle } y \in \langle S \rangle,$$

was mit

$$\bar{x}^T A \geq \theta_m^T$$

gleichbedeutend ist. Gibt es keine solche Strategie $\bar{x}$, so hat die Ungleichung $x^T A \geq \theta_m^T$ keine Lösung $x \geq \theta_n$, $x \neq \theta_n$.

Nach Satz 5.3 gibt es daher ein $y \in \mathbb{R}^n$ mit $y \geq \theta_n$ und $Ay < \theta_n$, was $y \neq \theta_n$ impliziert. Daraus aber folgt $y^T A = -y^T A^T = -(Ay)^T > \theta_n^T$, ein Widerspruch.

Dieser Beweis ist sehr formal und indirekt. Daher soll im nächsten Abschnitt ein weiterer Beweis mit Hilfe der Theorie der linearen Optimierung gegeben werden, aus dem zugleich auch ein Verfahren zur Berechnung von Sattelpunkten gewonnen werden kann.

Zuvor aber wollen wir den Satz 1.9 an einem Beispiel erläutern. Dazu wählen wir das bekannte Spiel "Stein-Schere-Papier" mit der schief-symmetrischen Auszahlungsmatrix

$$A = \begin{pmatrix} 0 & 1 & -1 \\ -1 & 0 & 1 \\ 1 & -1 & 0 \end{pmatrix}.$$

Wegen $\max_i \min_j a_{ij} = -1 < \min_j \max_i a_{ij} = 1$ hat das Spiel Γ keinen Sattelpunkt.

Nach Satz 1.6 ist $(\hat{x}, \hat{x})$ ein Sattelpunkt in $\langle \Gamma \rangle$ genau dann, wenn gilt

$$\hat{x}^T A x \geq 0 \text{ für alle } x \in \langle S \rangle,$$

d.h.

$$(\hat{x}_1, \hat{x}_2, \hat{x}_3) \begin{pmatrix} 0 & 1 & -1 \\ -1 & 0 & 1 \\ 1 & -1 & 0 \end{pmatrix} \begin{pmatrix} x_1 \\ x_2 \\ x_3 \end{pmatrix} = \hat{x}_1(x_2 - x_3) + \hat{x}_2(x_3 - x_1)$$

$$+\hat{x}_3(x_1 - x_2) \geq 0 \text{ für alle } x_1 \geq 0, \; x_2 \geq 0, \; x_3 \geq 0 \text{ mit } x_1 + x_2 + x_3 = 1.$$

Wählt man $x_2 = x_3 = 0$, $x_1 = 1$, so folgt $-\hat{x}_2 + \hat{x}_3 \geq 0$, d.h. $\hat{x}_3 \geq \hat{x}_2$.

Wählt man $x_3 = x_1 = 0$, $x_2 = 1$, so folgt $\hat{x}_1 - \hat{x}_3 \geq 0$, d.h. $\hat{x}_1 \geq \hat{x}_3$.

Wählt man $x_1 = x_2 = 0$, $x_3 = 1$, so folgt $-\hat{x}_1 + \hat{x}_2 \geq 0$, d.h. $\hat{x}_2 \geq \hat{x}_1$.
Insgesamt erhält man also

$$\hat{x}_2 \geq \hat{x}_1 \geq \hat{x}_3 \geq \hat{x}_2,$$

was

$$\hat{x}_1 = \hat{x}_2 = \hat{x}_3 = \frac{1}{3}$$

impliziert. Und hierfür ergibt sich in der Tat

$$(\hat{x}_1, \hat{x}_2, \hat{x}_3) \begin{pmatrix} 0 & 1 & -1 \\ -1 & 0 & 1 \\ 1 & -1 & 0 \end{pmatrix} \begin{pmatrix} x_1 \\ x_2 \\ x_3 \end{pmatrix} = 0$$

für alle $x_1 \geq 0$, $x_2 \geq 0$, $x_3 \geq 0$ mit $x_1 + x_2 + x_3 = 1$.

Dieses Beispiel ist ein Spezialfall eines symmetrischen Spieles mit folgender Auszahlungsmatrix

$$\begin{array}{c}
\overbrace{\hspace{4cm}}^{k}\qquad\overbrace{\hspace{4cm}}^{k}\\
\left.\begin{array}{ccccccccc}
0 & 1 & \cdots & & 1 & -1 & & & -1 \\
-1 & 0 & & & & 1 & -1 & & -1 \\
\vdots & & & & & & & & \vdots \\
-1 & & & 0 & 1 & & & & -1 \\
-1 & & \cdots & -1 & 0 & 1 & & & 1 \\
1 & -1 & & & -1 & 0 & 1 & \cdots & 1 \\
& & & & & 0 & & & \\
\vdots & & & & & & & & \\
& & & & & & & & 1 \\
1 & \cdots & \cdots & & 1 & -1 & & -1 & 0
\end{array}\right\}\begin{array}{c} \\ \\ k \\ \\ \\ \\ \\ k \\ \\ \end{array}
\end{array}$$

Für einen Sattelpunkt $(\hat{x}, \hat{x})$ ergeben sich notwendig die Bedingungen

$$
\begin{array}{llllll}
-\hat{x}_2 & & \cdots & -\hat{x}_{k+1}+\hat{x}_{k+2} & +\cdots & & +\hat{x}_n \geq 0, & (1)\\
\hat{x}_1 & -\hat{x}_3 & \cdots & -\hat{x}_{k+1}-\hat{x}_{k+2} & +\cdots & & +\hat{x}_n \geq 0, & (2)\\
\vdots & & & & & & & \vdots\\
\hat{x}_1 & + & \cdots & +\hat{x}_{k-1}-\hat{x}_{k+1} & -\cdots & -\hat{x}_{n-1} & +\hat{x}_n \geq 0, & (k)\\
\hat{x}_1 & + & \cdots & +\hat{x}_k \ -\hat{x}_{k+2} & -\cdots & & -\hat{x}_n \geq 0, & (k+1)\\
-\hat{x}_1 & + & \cdots & +\hat{x}_{k+1}-\hat{x}_{k+3} & -\cdots & & -\hat{x}_n \geq 0, & (k+2)\\
-\hat{x}_1 & -\hat{x}_2 & \cdots & +\hat{x}_{k+2}-\hat{x}_{k+4} & -\cdots & & -\hat{x}_n \geq 0, & (k+3)\\
\vdots & \vdots & & & & & \vdots\\
-\hat{x}_1 & - & \cdots & -\hat{x}_k \ +\hat{x}_{k+1} & +\cdots & & +\hat{x}_{n-1} \geq 0, & (n = 2k+1).
\end{array}
$$

Aus der Addition der j-ten und $(k+j+1)$-ten Ungleichung ergeben sich die Ungleichungen

$$-\hat{x}_j + \hat{x}_{k+j+1} \geq 0 \text{ für } j = 1, \ldots, k,$$

was die Ungleichung

$$\hat{x}_{k+2} + \hat{x}_{k+3} + \cdots + \hat{x}_n \geq \hat{x}_1 + \hat{x}_2 + \cdots + \hat{x}_k$$

impliziert. Diese impliziert zusammen mit der $(k+1)$-ten Ungleichung die Gleichung

$$\hat{x}_{k+2} + \hat{x}_{k+3} + \cdots + \hat{x}_n = \hat{x}_1 + \cdots + \hat{x}_k$$

oder

$$\underbrace{(\hat{x}_{k+2} - \hat{x}_1)}_{\geq 0} + \underbrace{(\hat{x}_{k+3} - \hat{x}_2)}_{\geq 0} + \cdots + \underbrace{(\hat{x}_n - \hat{x}_n)}_{\geq 0} = 0,$$

woraus sich die Gleichungen

$$\hat{x}_j = \hat{x}_{k+j+1} \text{ für } j = 1, \ldots, k$$

ergeben.

Aus der Addition der j-ten und der $(k+j)$-ten Ungleichung ergeben sich die Ungleichungen

$$\hat{x}_j \geq \hat{x}_{k+j} \text{ für } j = 1, \ldots, k+1.$$

Hieraus erhält man die Ungleichungskette

$$\hat{x}_1 \geq \hat{x}_{k+1} \geq \hat{x}_{2k+1} = \hat{x}_k \geq \hat{x}_{2k} = \hat{x}_{k-1} \geq \cdots \geq \hat{x}_2 \geq \hat{x}_{k+2} = \hat{x}_1,$$

aus der

$$\hat{x}_1 = \hat{x}_2 = \cdots = \hat{x}_{2k+1} = \frac{1}{n}$$

folgt. Umgekehrt bestätigt man, daß hierdurch auch ein Sattelpunkt gegeben ist.

Aufgabe 3: Man zeige, daß das Spiel "Stein-Schere-Papier-Brunnen" mit der Auszahlungsmatrix

$$A = \begin{pmatrix} 0 & 1 & -1 & -1 \\ -1 & 0 & 1 & -1 \\ 1 & -1 & 0 & 1 \\ 1 & 1 & -1 & 0 \end{pmatrix}$$

als einzigen Sattelpunkt in gemischten Strategien das Paar $(\hat{x}, \hat{x})$ mit $\hat{x}^T = (0, \frac{1}{3}, \frac{1}{3}, \frac{1}{3})$ besitzt.

1.1.5   Matrix-Spiele und lineare Optimierung

Wir gehen aus von einem Matrix-Spiel Γ mit der $m \times n$-Auszahlungsmatrix A. Die Menge der gemischten Strategien von Spieler P_1 ist gegeben durch

$$X = \{x \in I\!R^m \mid x_i \geq 0 \text{ für } i = 1, \ldots, m \text{ und } \sum_{i=1}^{m} x_i = 1\}$$

und die des Spielers P_2 durch

$$Y = \{x \in I\!R^n \mid y_j \geq 0 \text{ für } j = 1, \ldots, n \text{ und } \sum_{j=1}^{n} y_j = 1\}.$$

Nach Satz 1.4 und der nachfolgenden Bemerkung ist $(\hat{x}, \hat{y}) \in X \times Y$ genau dann ein Sattelpunkt, wenn gilt

$$\max_{x \in X} \min_{y \in Y} x^T A y = \min_{y \in Y} \max_{x \in X} x^T A y = \hat{x}^T A \hat{y}.$$

Sei $x \in X$ fest gewählt. Dann setzen wir

$$\varphi(x) = \min_{y \in Y} x^T A y.$$

Wegen

$$x^T Ay = \sum_{j=1}^{n} (\sum_{i=1}^{m} a_{ij}\, x_i)\, y_j \geq \min_{j} \sum_{i=1}^{m} a_{ij}\, x_i$$

für alle $y \in Y$ folgt

$$\varphi(x) = \min_{j} \sum_{i=1}^{m} a_{ij}\, x_i.$$

Auf der Suche nach einer Sattelpunktstrategie hat der Spieler P_1 also ein $\hat{x} \in X$ zu finden mit

$$\varphi(\hat{x}) \geq \varphi(x) \quad \text{für alle} \quad x \in X.$$

Äquivalent damit ist das folgende lineare Optimierungsproblem: Unter den Nebenbedingungen

$$\begin{aligned}
-A^T x \quad +e_n \cdot \gamma \quad &\leq \theta_n, \\
e_m^T x \qquad\qquad &= 1, \\
x &\geq \theta_m
\end{aligned} \tag{D}$$

ist γ zum Maximum zu machen.

Dabei sind $e_m \in I\!\!R^m$ und $e_n \in I\!\!R^n$ Vektoren, deren Komponenten nur aus Einsen bestehen.

Analog sieht man ein, daß der Spieler P_2 auf der Suche nach einer Sattelpunktsstrategie $\hat{y} \in Y$ das folgende lineare Optimierungsproblem zu lösen hat: Unter den Nebenbedingungen

$$\begin{aligned}
-Ay \quad +e_m \cdot \delta \quad &\geq \theta_m, \\
e_n^T y \qquad\qquad &= 1, \\
y &\geq \theta_n
\end{aligned} \tag{P}$$

ist δ zum Minimum zu machen.

Die beiden Probleme sind zueinander dual.

Wählt man $x \geq \theta_m$ so, daß gilt $e_m^T x = 1$ und setzt

$$\gamma = \min_{j} \sum_{j=1}^{m} a_{ij}\, x_i,$$

so erfüllt $\begin{pmatrix} x \\ \gamma \end{pmatrix}$ die Nebenbedingung (D). Ebenso sieht man, daß das zweite Problem mit der Nebenbedingung (P) eine zulässige Lösung $\begin{pmatrix} y \\ \delta \end{pmatrix}$ besitzt. Nach dem Existenzsatz der linearen Optimierung (vgl. Abschnitt 5.2) sind daher beide Probleme lösbar, und es gilt

$$\gamma_{\max} = \delta_{\min} = \omega = \text{Wert des Spieles.}$$

Sind $\begin{pmatrix} \hat{x} \\ \gamma_{\max} \end{pmatrix}$ und $\begin{pmatrix} \hat{y} \\ \delta_{\min} \end{pmatrix}$ Lösungen der beiden Probleme, so ist $(\hat{x}, \hat{y})$ ein Sattelpunkt des Spieles $\langle \Gamma \rangle$.

1.1.6 Evolutions-Matrix-Spiele

Wir betrachten eine Population, deren Individuen eine endliche Anzahl von Strategien $I_1, I_2, \ldots, I_n$ besitzen, um im Kampf ums Dasein zu überleben. Sei $u_i \in [0,1]$ für jedes $i = 1, \ldots, n$ die Wahrscheinlichkeit dafür, daß von der Population die Strategie I_i gewählt wird. Der entsprechende Zustand der Population wird dann definiert durch den Vektor $u = (u_1, \ldots, u_n)$, wobei $\sum_{i=1}^{n} u_i = 1$ ist. Die Menge aller Populationszustände ist gegeben durch das Simplex

$$\Delta = \{u = (u_1, \ldots, u_n) \mid 0 \leq u_i \leq 1, \, i = 1, \ldots, n, \, \sum_{i=1}^{n} u_i = 1\}.$$

Jeder Vektor $e_i = (0, \ldots, 0, 1, 0 \ldots 0)$, $i = 1, \ldots, n$ bezeichnet einen sog. reinen Populationszustand, in dem alle Individuen die Strategie I_i wählen. Alle anderen Zustände heißen gemischte Zustände.

Wenn ein Individuum, das die Strategie I_i wählt, auf ein Individuum mit der Strategie I_j trifft, nehmen wir an, daß das I_i-Individuum von dem Individuum I_j eine "Auszahlung" $a_{ij} \in I\!R$ erhält. Die Gesamtheit aller Auszahlungen läßt sich dann darstellen in Form einer Matrix

$$A = (a_{ij})_{i,j=1,\ldots,n},$$

der sog. Auszahlungsmatrix, welche ein Matrix-Spiel definiert. Die erwartete Auszahlung eines I_i-Individuums im Populationszustand $u \in \Delta$ wird dann definiert durch

$$\sum_{j=1}^{n} a_{ij}\, u_j = e_i\, A u^T.$$

Sind zwei Populationszustände $u,\ v\ \in\ \Delta$ gegeben, dann wird die Durchschnittsauszahlung von v an u definiert durch

$$\sum_{i,j=1}^{n} a_{ij}\, v_i\, u_j = v\, A\, u^T.$$

Definition: Ein Populationszustand $u^* \in \Delta$ heißt ein *Nash-Gleichgewicht*, wenn gilt

$$u\, A\, u^{*T} \leq u^*\, A\, u^{*T} \quad \text{für alle}\ \ u \in \Delta.$$

In Worten besagt das: Ein Abweichen von u^* führt nicht zu einer höheren Auszahlung.

Definition: Ein Nash-Gleichgewicht $u^* \in \Delta$ heißt *evolutionsstabil*, wenn aus

$$u\, A\, u^{*T} = u^*\, A\, u^{*T} \quad \text{für ein}\ \ u \in \Delta\ \ \text{mit}\ \ u \neq u^*$$

folgt, daß gilt $u\, A\, u^T < u^*\, A\, u^T$.

In Worten bedeutet das: Wenn ein Wechsel von u^* zu u zur gleichen Auszahlung führt, kann u kein Nash-Gleichgewicht sein.

Wir wollen diese Begriffe an einem Beispiel demonstrieren: Wir betrachten eine Population mit zwei Strategien I_1 und I_2. Individuen, die I_1 wählen, werden Tauben genannt und die, welche I_2 wählen, heißen Habichte. Wenn eine Taube auf eine Taube trifft, bedrohen sie einander, ohne ernsthaft zu kämpfen, bis eine nachgibt. Wenn eine Taube auf einen Habicht stößt, rennt sie davon und wird nicht verletzt. Wenn zwei Habichte aufeinander treffen, kämpfen sie, bis einer ernsthaft verletzt wird und aufgeben muß oder tot ist. Wir nehmen an, daß in jedem Fall der Gewinner $V > 0$ Punkte erhält und der Verlierer im Kampf der Habichte $-D$ Punkte, wobei $D > 0$ ist. Das führt zu der Auszahlungsmatrix

$$A = \begin{pmatrix} \frac{V}{2} & 0 \\ V & \frac{V-D}{2} \end{pmatrix}.$$

Wir nehmen zunächst an, es sei $V \geq D$.

Behauptung: Dann ist der reine Populationszustand $e_2 = (0,1)$ ein evolutionsstabiles Nash-Gleichgewicht.

Beweis: Sei $u \in \Delta$ beliebig gewählt. Dann ist

$$e_2 \, A \, e_2^T - u \, A \, e_2^T = \frac{V - D}{2} \, (1 - u_2) \geq 0.$$

Damit ist e_2 ein Nash-Gleichgewicht.

Ist $u \, A \, e_2^T = e_2 \, A \, e_2^T$, so ist notwendig $\frac{V-D}{2} (1 - u_2) = 0$. Ist $V > D$, so ist notwendig $u_2 = 1$ und $u_1 = 0$, mithin $u = e_2$. Ist $V = D$, so ist $u \, A \, e_2^T = e_2 \, A \, e_2^T$ für alle $u \in \Delta$, und für alle $u \in \Delta$, $u \neq e_2$ folgt $u \, A \, u^T = \frac{V}{2} u_1 (1 + u_2) < V \, u_1 = e_2 \, A \, u^T$. Hieraus folgt, daß e_2 evolutionsstabil ist.

Resultat: Ist $V \geq D$, und verhalten sich alle Individuen wie Habichte, so ist dieser Zustand ein evolutionsstabiles Nash-Gleichgewicht.

Ist hingegen $V < D$, dann ist $e_2 = (0,1)$ noch nicht einmal ein Nash-Gleichgewicht. Im Gegenteil, es gilt

$$e_2 \, A \, e_2^T - u \, A \, e_2^T = \frac{V - D}{2} \, (1 - u_2) < 0 \quad \text{für alle } u \in \Delta \text{ mit } u_2 < 1.$$

Aber auch der reine Populationszustand $e_1 = (1,0)$ ist kein Nash-Gleichgewicht; denn es ist

$$e_1 \, A \, e_1^T - u \, A \, e_1^T = -\frac{V}{2} \, (1 - u_1) < 0 \quad \text{für alle } u \in \Delta \text{ mit } u_1 < 1.$$

Der Fall $V \geq D$ ist ein Spezialfall der folgenden Situation:

Sei für ein $k \in \{1, \ldots, n\}$:

$$a_{kk} \geq a_{jk} \quad \text{für alle } j = 1, \ldots, n$$

und

$$a_{kk} = a_{jk} \Rightarrow a_{ki} > a_{ji} \quad \text{für alle } i \neq k.$$

Dann folgt für jedes $u \in \Delta$

$$u \, A \, e_k^T = \sum_{j=1}^{n} u_j \, a_{jk} \leq \left(\sum_{j=1}^{n} u_j \right) a_{kk} = a_{kk} = e_k \, A \, e_k^T,$$

d.h. e_k ist ein Nash-Gleichgewicht.

Nun sei $u \in \Delta$ mit $u \neq e_k$ und $u \, A \, e_k^T = e_k \, A \, e_k^T$ vorgegeben. Dann ist $a_{jk} = a_{kk}$ für alle j mit $u_j > 0$ und daher

$$a_{ki} > a_{ji} \ \ \text{für alle } j \text{ mit } u_j > 0 \text{ und } i \neq k.$$

Daraus folgt

$$e_k \, A \, u^T - u \, A \, u^T = \sum_{i=1}^{n} a_{ki} \, u_i \ - \ \sum_{j=1}^{n} \sum_{i=1}^{n} a_{ji} \, u_j \, u_i$$

$$= \sum_{j=1}^{n} \sum_{i=1}^{n} (a_{ki} - a_{ji}) \, u_j \, u_i \ = \ \sum_{u_j > 0} \sum_{i \neq k} (a_{ki} - a_{ji}) \, u_j \, u_i > 0,$$

was zeigt, daß e_k evolutionsstabil ist.

Aufgabe 4: Man zeige in dem obigen Beispiel, daß im Falle $V < D$ der Zustand $(1 - \frac{V}{D}, \frac{V}{D})$ ein Nash-Gleichgewicht ist.

Frage: Ist dieses Nash-Gleichgewicht auch evolutionsstabil?

Nun sei $u^* \in \Delta$ (im allgemeinen Fall) ein evolutionsstabiles Nash-Gleichgewicht mit

$$u_i^* > 0 \ \ \text{für alle} \ \ i = 1, \ldots, n. \tag{$*$}$$

Dann folgt aus

$$u^* \, A \, u^{*T} = \sum_{i=1}^{n} u_i^* \, e_i \, A \, u^{*T}$$

und

$$e_i \, A \, u^{*T} \leq u^* \, A \, u^{*T} \ \ \text{für} \ \ i = 1, \ldots, n,$$

was

$$u \, A \, u^{*T} = u^* \, A \, u^{*T} \ \ \text{für alle} \ \ u \in \Delta$$

impliziert und weiter

$$u \, A \, u^T < u^* \, A \, u^T \ \ \text{für alle} \ \ u \in \Delta \ \ \text{mit} \ \ u \neq u^*.$$

Das zeigt, daß $u* \in \Delta$ das einzige evolutionsstabile Nash-Gleichgewicht mit $(*)$ ist.

Als nächstes definieren wir für jedes $u \in \Delta$ einen Träger vermöge

$$S(u) = \{i \mid u_i > 0\}.$$

Ist dann $u^* \in \Delta$ ein evolutionsstabiles Nash-Gleichgewicht, so folgt mit den gleichen Argumenten wie oben

$$e_i\, A\, u^{*T} = u^*\, A\, u^{*T} \quad \text{für alle} \quad i \in S(u^*),$$

was

$$u\, A\, u^{*T} = u^*\, A\, u^{*T} \quad \text{für alle} \quad u \in \Delta \quad \text{mit} \quad S(u) \subseteq S(u^*)$$

impliziert und weiter

$$u\, A\, u^T < u^*\, A\, u^T \quad \text{für alle } u \in \Delta \text{ mit } u \neq u^* \text{ und } S(u) \subseteq S(u^*).$$

Nun sei $u \in \Delta$ derart, daß gilt $S(u) \not\subseteq S(u^*)$. Dann gibt es ein $i \in \{1, \ldots, n\}$ derart, daß gilt $u_i > 0$ und $u_i^* = 0$.

    Ist

$$u_i \geq u_i^* \quad \text{für alle} \quad i = 1, \ldots, n,$$

dann folgt aus $\sum\limits_{i=1}^{n} u_i = \sum\limits_{i=1}^{n} u_i^* = 1$, daß $u = u^*$ ist. Das ist aber nicht möglich. Daher gibt es ein $i \in \{1, \ldots, n\}$ mit $u_i < u_i^*$. Wenn wir definieren

$$\lambda = \min\left\{\frac{u_i^*}{u_i^* - u_i}\,\Big|\, u_i < u_i^*\right\}$$

und setzen

$$v = u^* + \lambda(u - u^*),$$

dann folgt

$$v \in C = \{u \in \Delta \mid \exists\, i_1 \quad \text{mit } u_{i_1} > 0 \text{ und } u_{i_1}^* = 0$$
$$\text{und } \exists\, i_2 \text{ mit } u_{i_2} = 0\}.$$

Umgekehrt, wenn $v \in C$ gegeben ist und wir für jedes $\lambda \in (0, 1]$ definieren $u = u^* + \lambda(v - u^*)$, dann ist $u \in \Delta$ und $S(u) \not\subseteq S(u^*)$.

    Nun gibt es für jedes $v \in C$ ein $\varepsilon_v \in (0, 1]$ mit

$$\omega_\varepsilon\, A\, \omega_\varepsilon^T < u^*\, A\, \omega_\varepsilon^T \quad \text{für alle} \quad \varepsilon \in (0, \varepsilon_v],$$

wobei

$$\omega_\varepsilon = (1 - \varepsilon)\, u^* + \varepsilon v = u^* + \varepsilon(v - u^*).$$

Da C kompakt ist und ε_v, $v \in C$, stetig ausgewählt werden kann, gibt es ein $\hat{\varepsilon} > 0$ mit $\hat{\varepsilon} = \min\limits_{v \in C} \varepsilon_v$ und daher

$$\omega_\varepsilon A \omega_\varepsilon^T < u^* A \omega_\varepsilon^T \quad \text{für alle} \quad \varepsilon \in (0, \hat{\varepsilon}].$$

Wenn wir definieren

$$\varepsilon^* = \frac{\hat{\varepsilon}}{\min\limits_{v \in C} \|v - u^*\|_2},$$

dann folgt

$$u A u^T < u^* A u^T \quad \text{für alle} \quad u \in \Delta$$

$$\text{mit } S(u) \subseteq S(u^*) \text{ und } \|u - u^*\|_2 < \varepsilon^*.$$

Zusammenfassend erhalten wir das

Resultat: Ist $u^* \in \Delta$ ein evolutionsstabiles Nash-Gleichgewicht, dann gibt es ein $\varepsilon^* > 0$ mit

$$u A u^T < u^* A u^T \quad \text{für alle } u \in \Delta \text{ mit } u \neq u^*$$

$$\text{und } \|u - u^*\|_2 < \varepsilon^*.$$

Es gilt auch die Umkehrung dieser Aussage, welche besagt, daß ein evolutionsstabiles Nash-Gleichgewicht lokal das einzige evolutionsstabile Gleichgewicht ist.

1.1.7 Baumspiele

1.1.7.1 Informelle Behandlung

Ein Baumspiel kann folgendermaßen beschrieben werden:

1. Einer der beiden Spieler beginnt mit einem ersten Zug.

2. Die beiden Spieler machen abwechselnd ihre Züge.

3. Auf jeder Stufe des Spieles hat der jeweils ziehende Spieler endlich viele Züge zur Verfügung.

4. Das Spiel ist nach endlich vielen Zügen beendet und hat einen eindeutigen Ausgang: Der beginnende Spieler ("Weiß") gewinnt; der als zweiter ziehende Spieler ("Schwarz") gewinnt; das Spiel endet unentschieden ("Remis").

5. Jeder der beiden Spieler kennt die Züge seines Gegners.

Ein solches Spiel läßt sich in Form eines Baumes darstellen:

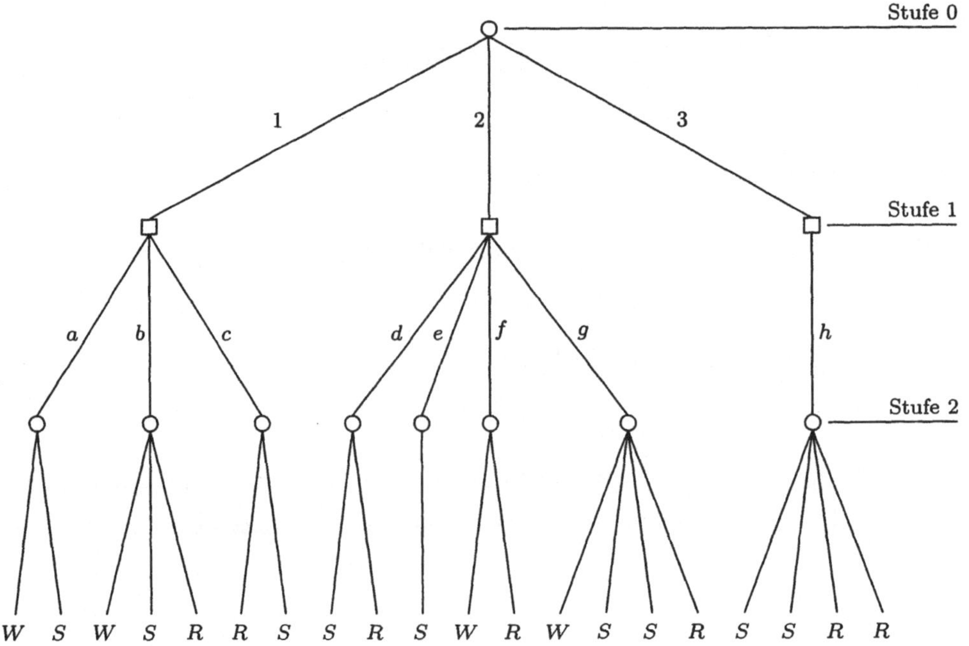

Weiß beginnt und hat die drei Züge 1, 2, 3. Wählt er z.B. 2, so verfügt Schwarz über die Züge d, e, f, g. Wählt er z.B. g, so verfügt Weiß über die Züge, die zu den Ausgängen W ("Weiß"), S ("Schwarz"), S und R ("Remis") führen.

Definition: Hat ein Baumspiel die Eigenschaft, daß Weiß die Möglichkeit zu gewinnen hat, unabhängig davon, wie Schwarz spielt, so sagen wir: Das Spiel hat den natürlichen Ausgang "Weiß gewinnt". Analog wird der natürliche Ausgang "Schwarz gewinnt" definiert. Wenn Schwarz einen Sieg von Weiß verhindern kann und umgekehrt Weiß auch einen Sieg von Schwarz, so sagen wir: Das Spiel hat den natürlichen Ausgang "Unentschieden".

Definition: Ist Γ ein Baumspiel, so bezeichnen wir das Spiel, in dem die Rollen von Schwarz und Weiß vertauscht sind, mit Γ' und nennen es das Inverse von Γ.

Lemma: Sei Γ ein Baumspiel und Γ' das Inverse von Γ. Dann gilt: Γ' hat genau dann einen natürlichen Ausgang, wenn das für Γ zutrifft.

Beweis = Übung.

Theorem: Jedes Baumspiel hat einen natürlichen Ausgang.

Beweis: Wir beweisen dieses Theorem durch Induktion nach der Länge n des Spieles, d.h. der maximalen Anzahl von Zügen bis zu seinem Ausgang. Für $n = 1$ gibt es offenbar einen natürlichen Ausgang.

Induktionsannahme: Jedes Baumspiel der Länge $1, 2, \ldots, n-1$ $(n > 1)$ besitze einen natürlichen Ausgang.

Gegeben sei ein Spiel Γ der Länge n. Weiß habe am Anfang k Züge zur Verfügung und wähle etwa den j-ten. Die verbleibenden Züge stellen dann ein inverses Spiel Γ_j dar, dessen Länge $\leq n - 1$ ist. Das dazu inverse Spiel Γ_j' (welches wieder mit Weiß beginnt) hat nach Induktionsannahme einen natürlichen Ausgang. Nach dem obigen Lemma hat daher auch Γ_j einen natürlichen Ausgang, und das gilt für jedes $j \in \{1, \ldots, k\}$. Hat Γ_j für mindestens ein j den Ausgang "Weiß gewinnt", so trifft das auch für Γ zu. Hat Γ_j für alle j den Ausgang "Schwarz gewinnt", so trifft das auch für Γ zu. Hat aber Γ_j nicht für alle j den Ausgang "Schwarz gewinnt", so gibt es notwendig mindestens ein j derart, daß Γ_j den Ausgang "Unentschieden" hat. Wählt Weiß den Zug j, so hat auch das Spiel Γ den Ausgang "Unentschieden".

Damit ist der Beweis beendet.

Dieser Beweis garantiert nur die Existenz eines natürlichen Ausgangs, sagt aber nichts darüber aus, welche von den drei Möglichkeiten vorliegt. Für jedes konkrete Spiel läßt sich das im Prinzip konstruktiv entscheiden.

Wir wollen das an dem obigen Beispiel demonstrieren.

Trägt man in die Kreise der Stufe 2 das beste Ergebnis ein, das Weiß mit seinem letzten Zug erzielen kann, so erhalten wir die folgenden drei Gruppen von Ausgängen für Schwarz

$$W\,W\,R,\ R\,S\,W\,W,\ R.$$

Tragen wir in die Quadrate der Stufe 1 das beste Ergebnis ein, das Schwarz mit seinem Zug erzielen kann, so erhalten wir die drei Ausgänge R, S, R.

Als beste Züge für Weiß auf der Stufe 0 verbleiben damit die Züge 1 und 3. Das Spiel hat also den natürlichen Ausgang "Unentschieden". Dieses Verfahren ist aber nur für Spiele mit wenigen Stufen durchführbar.

Für Baumspiele wie etwa das Schachspiel ist eine Anwendung dieser Methode unmöglich.

1.1.7.2 Formale Behandlung

Wir wollen zunächst ein Baumspiel formal definieren. Dazu beginnen wir mit einer nichtleeren Menge X und einer binären Relation auf X, die wie folgt definiert ist: Sei V eine Teilmenge von $X \times X$. Dann definieren wir für $x, y \in X$:

$$x \overset{\succ}{\sim} y \ \text{ genau dann, wenn gilt } \ (x,y) \in V.$$

Wir sagen dann: "x wird y vorgezogen".

Weiter definieren wir

$$x \sim y \ \text{ genau dann, wenn gilt } x \overset{\succ}{\sim} y \text{ und } y \overset{\succ}{\sim} x$$

und

$$x \succ y \ \text{ genau dann, wenn gilt } x \overset{\succ}{\sim} y, \text{ aber } x \not\sim y.$$

Die Relation $\overset{\succ}{\sim}$ heißt asymmetrisch, wenn gilt:

$$x \overset{\succ}{\sim} y \Rightarrow y \overset{\not\succ}{\sim} x.$$

Definition: Ein Graph ist ein Paar $(X, \succ)$ derart, daß gilt:

1. X ist eine endliche Menge.

2. $\succ$ ist eine asymmetrische binäre Relation auf X.

Definition: Ein Baum ist ein Graph $(X, \succ)$ derart, daß ein $x^\circ \in X$ existiert (die sog. Wurzel des Baumes) mit folgenden Eigenschaften:

1. Für jedes $x \in X$ existiert eine Folge $x_0 = x^\circ, \ldots, x_n = x$ mit

$$x_i \succ x_{i+1} \quad \text{für} \quad i = 0, \ldots, n-1.$$

2. Ist $F(x) = \{y \in X \mid y \succ x\}$, $x \in X$, so gilt

$$F(x^\circ) = \emptyset \quad \text{und} \quad |F(x)| = 1 \quad \text{für alle } x \in X \text{ mit } x \neq x^\circ.$$

Anschaulich hat man sich einen Baum wie folgt vorzustellen:

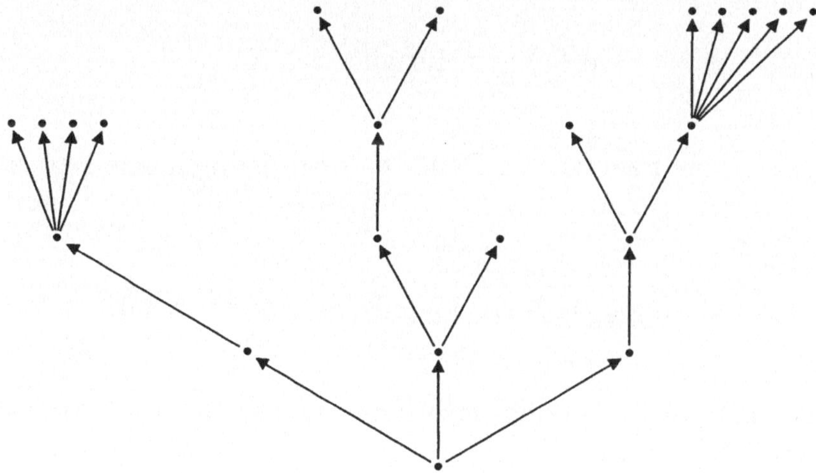

Definition: Sei $(X, \succ)$ ein Baum. Dann ist

$$\partial X = \{x \in X \mid G(x) = \emptyset\} \quad \text{mit} \quad G(x) = \{y \in X \mid x \succ y\}$$

der Rand von X oder die Menge der Endpunkte.

Vorgegeben seien nun zwei Abbildungen $a : X \setminus \partial X \to \{1, 2\}$ und $u : \partial X \to I\!R^2$.

Definition: Ein (Zwei-Personen-)Baumspiel ist ein Tupel $\Sigma = (X, \succ, a, u)$ derart, daß $(X, \succ)$ ein Baum ist mit $X \neq \partial X$.

Eine Partie dieses Spiels ist ein Tupel $(x_0, \ldots, x_T)$ mit $x_0 = x^\circ$, $x_t \in X$, $x_t \succ x_{t-1}$ für $t = 1, \ldots, T$ und $x_T \in \partial X$.

Am Ende dieser Partie bekommt Spieler 1 die Auszahlung $u_1(x_T)$ und Spieler 2 die Auszahlung $u_2(x_T)$.

Für $i = 1, 2$ sei

$$X^i = \{x \in X \setminus \partial X \mid a(x) = i\} = a^{-1}(i).$$

Dann definieren wir für den Spieler $i \in \{1, 2\}$ einen Plan als eine Abbildung $\alpha^i : X^i \to X$ derart, daß gilt

$$\alpha^i(x) \succ x \quad \text{für alle } x \in X^i.$$

Ist $\alpha = (\alpha^1, \alpha^2)$ ein Paar solcher Pläne, so wird dadurch eine Partie definiert vermöge

$$x_0 = x^\circ, \ldots, x_t = \alpha^i(x_{t-1}), \quad \text{falls } x_{t-1} \in X^i, \ t = 1, \ldots, T.$$

Als Auszahlung am Ende ergibt sich dann für den Spieler i der Wert $C_\alpha^i = u_i(x_T)$, $i = 1, 2$. Nun sei

$$P_i = \{\alpha^i \mid \alpha^i = \text{ Plan des Spielers } i\}.$$

Diese beiden Mengen sind endlich, und für jedes $i \in \{1, 2\}$ ist C_j^i eine Funktion auf $P_1 \times P_2$ mit Werten in $I\!R$.

Damit ist $\Gamma_\Sigma = \{P_1, P_2, C^1_\cdot, C^2_\cdot\}$ ein Zwei-Personen-Spiel mit endlichen Strategiemengen P_1 und P_2. Γ_Σ heißt von Σ erzeugt und ist ein Bi-Matrix-Spiel.

Ein Beispiel:

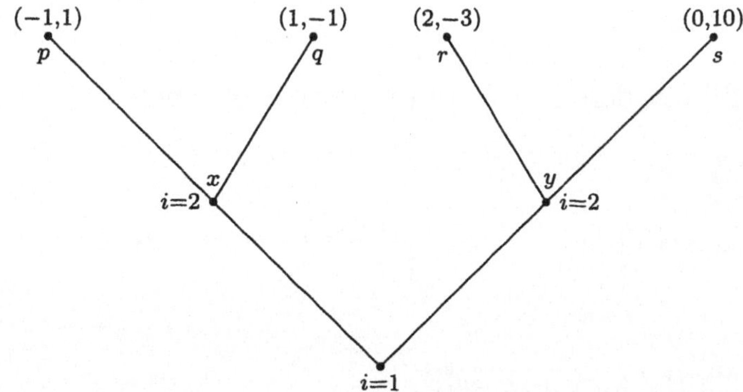

$$X = \{x^\circ, x, y, p, q, r, s\};\ a(x^\circ) = 1,\ a(x) = 2,\ a(y) = 2; u(p) = (-1, 1),\ u(q) =$$
$(1, -1)$, $u(r) = (2, -3)$, $u(s) = (0, 10)$. Spieler 1 hat die Pläne

$$\alpha_1^1 : \alpha_1^1(x^\circ) = x,\ \alpha_2^1 : \alpha_2^1(x_0) = y.$$

Spieler 2 hat die Pläne

$$\alpha_1^2 : \alpha_1^2(x) = p,\quad \alpha_1^2(y) = r;$$
$$\alpha_2^2 : \alpha_2^2(x) = q,\quad \alpha_2^2(y) = r;\quad \alpha_4^2 : \alpha_4^2(x) = q,\ \alpha_4^2(y) = s.$$
$$\alpha_3^2 : \alpha_3^2(x) = p,\quad \alpha_3^2(y) = s;$$

Danach ergibt sich z.B. als Auszahlung an Spieler 1

$$C^1_{(\alpha_1^1, \alpha_3^2)} = u^1(p) = -1.$$

Die Auszahlungsmatrizen sind gegeben durch

$$A = (C^1_{(\alpha_i^1, \alpha_j^2)})_{\substack{i=1,2 \\ j=1,2,3,4}} \quad \text{und} \quad B = (C^2_{(\alpha_i^1, \alpha_j^2)})_{\substack{i=1,2 \\ j=1,2,3,4}}$$

und lauten

$$A = \begin{pmatrix} -1 & 1 & -1 & 1 \\ 2 & 2 & 0 & 0 \end{pmatrix}, \quad B = \begin{pmatrix} 1 & -1 & 1 & -1 \\ -3 & -3 & 10 & 10 \end{pmatrix}.$$

Wir bemerken, daß das Paar (α_2^1, α_3^2) ein Nash-Gleichgewicht des Spiels Γ_Σ ist. Diese Aussage gilt auch allgemein. Es gilt nämlich der

Satz: Ist Σ ein Baumspiel, so hat das von Σ erzeugte Spiel Γ_Σ ein Nash-Gleichgewicht.

Beweis: Wir führen den Beweis durch Induktion nach

$$k = \max\{T \mid (x_0, \ldots, x_T) \text{ ist eine Partie von } \Sigma\} = |X|.$$

Für $k = 1$ ist die Behauptung wahr.

Sei $k > 1$, und die Behauptung sei wahr bis $k - 1$.

Für jedes $y \in G(x_0) = \{x \in X \mid x_0 \succ x\}$ ist dann die Menge X^y aller Nachfolger von y einschließlich y ein Baum mit y als Wurzel derart, daß gilt $|X^y| \leq k - 1$. Das durch Σ auf X^y induzierte Baumspiel Σ^y erzeugt daher nach Induktionsannahme ein Spiel Γ_{Σ^y}, das ein Nash-Gleichgewicht $\bar{\alpha}_y$ besitzt. Es gilt also

$$C^1_{(\bar{\alpha}^1_y, \bar{\alpha}^2_y)} \geq C^1_{(\alpha^1_y, \bar{\alpha}^2_y)} \ \forall \ \alpha^1_y \ \text{ und } \ C^2_{(\bar{\alpha}^1_y, \bar{\alpha}^2_y)} \geq C^2_{(\bar{\alpha}^1_y, \alpha^2_y)} \ \forall \ \alpha^2_y.$$

Definiert man nun

$$\alpha^1(x_0) = \bar{y}, \quad \text{wobei} \quad C^1_{(\bar{\alpha}^1_{\bar{y}}, \bar{\alpha}^2_{\bar{y}})} = \max\{C^1_{(\bar{\alpha}^1_y, \bar{\alpha}^2_y)} \mid y \in G(x_0)\},$$

so erhält man einen Plan, der für das Spiel Γ_Σ ein Nash-Gleichgewicht definiert.

Dieser Beweis ist nicht-konstruktiv. Für Baumspiele mit wenigen Stufen läßt sich aber ein konstruktives Verfahren zur Ermittlung von Nash-Gleichgewichten angeben. Wir demonstrieren das an folgendem Beispiel:

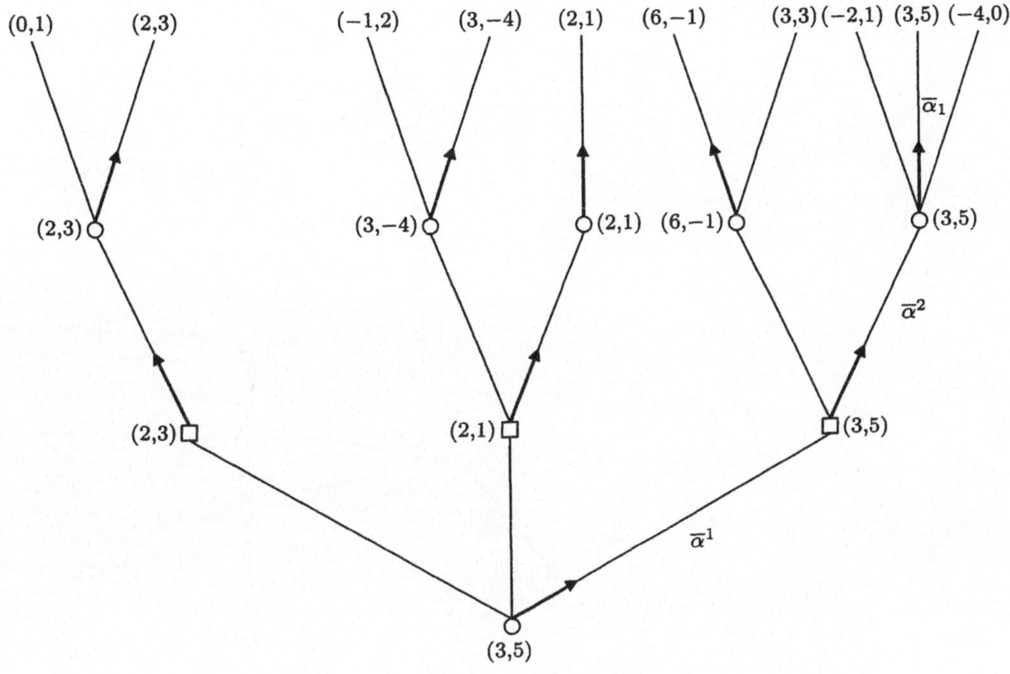

Der Baum wird rückwärts durchlaufen und, wie angegeben, mit Pfeilen versehen. Ein Nash-Gleichgewicht läßt sich dann direkt ablesen.

Abschließend wollen wir dieses Verfahren auf das Beispiel in Abschnitt 1.1.7.1 anwenden:

Das Spiel ist ein Nullsummen-Spiel. Die Abbildung zeigt, daß es drei Sattelpunkte besitzt. Der Wert des Spieles ist gleich Null, was dem natürlichen Ausgang "Unentschieden" entspricht.

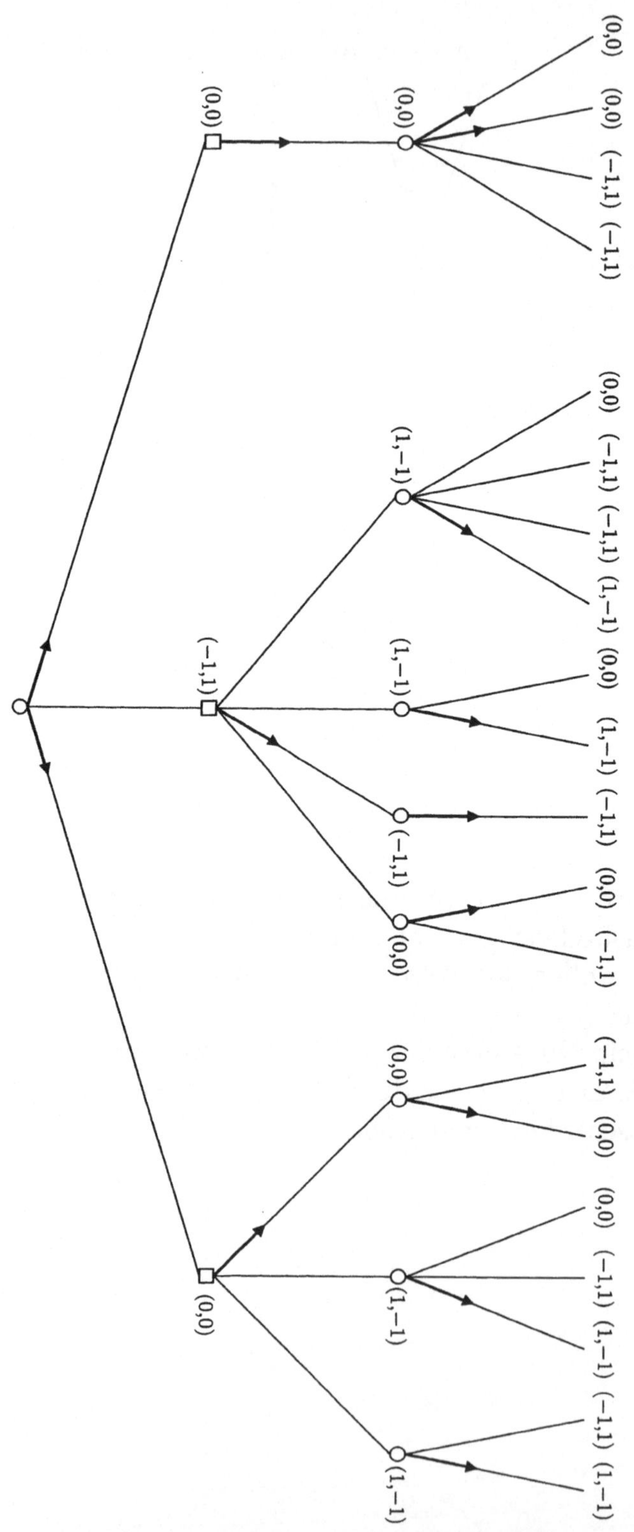

1.1.8 Lösung der Aufgaben

Aufgabe 1: Zunächst erhält man für $x \in \langle S \rangle$ und $y \in \langle T \rangle = \langle S \rangle$

$$x^T A y = -2x_1 y_1 + x_1 - y_1 + 3$$

und

$$x^T A^T y = -2x_1 y_1 - x_1 + y_1 + 3.$$

Damit ist die Bedingung $(*)$ gleichbedeutend mit

$$-2\hat{x}_1 \hat{y}_1 + \hat{x}_1 - \hat{y}_1 + 3 \geq -2x_1 \hat{y}_1 + x_1 - \hat{y}_1 + 3$$

oder äquivalent mit

$$2(x_1 - \hat{x}_1)\hat{y}_1 + \hat{x}_1 - x_1 \geq 0 \quad \text{für alle} \quad x_1 \in [0.1].$$

Daraus folgt insbesondere

$$2(\frac{1}{2} - \hat{x}_1)\hat{y}_1 + \hat{x}_1 - \frac{1}{2} = (\frac{1}{2} - \hat{x}_1)(2\hat{y}_1 - 1) \geq 0.$$

Daraus ergibt sich

$$\hat{x}_1 \leq \frac{1}{2} \quad \text{und} \quad \hat{y}_1 \geq \frac{1}{2}$$

oder

$$\hat{x}_1 \geq \frac{1}{2} \quad \text{und} \quad \hat{y}_1 \leq \frac{1}{2}.$$

Die Bedingung $(**)$ ist gleichbedeutend mit

$$-2\hat{x}_1 \hat{y}_1 - \hat{x}_1 + \hat{y}_1 + 3 \geq -2\hat{x}_1 y_1 - \hat{x}_1 + y_1 + 3$$

oder äquivalent mit

$$2(y_1 - \hat{y}_1)\hat{x}_1 + \hat{y}_1 - y_1 \geq 0 \quad \text{für alle} \quad y_1 \in [0,1].$$

Daraus folgt insbesondere

$$2(\frac{1}{2} - \hat{y}_1)\hat{x}_1 + \hat{y}_1 - \frac{1}{2} = (\hat{y}_1 - \frac{1}{2})(1 - 2\hat{x}_1) \geq 0.$$

Daraus ergibt sich ebenfalls

$$\hat{x}_1 \le \frac{1}{2} \quad \text{und} \quad \hat{y}_1 \ge \frac{1}{2}$$

oder

$$\hat{x}_1 \ge \frac{1}{2} \quad \text{und} \quad \hat{y}_1 \le \frac{1}{2}.$$

Nimmt man an, daß $\hat{x} = \hat{y}$ ist, so ergibt sich notwendig $\hat{x}_1 = \hat{x}_2 = \frac{1}{2}$.

Aufgabe 2: Im Falle $A = A^T$ sind die Bedingungen $(*)$ und $(**)$ für $\hat{x} = \hat{y}$ gleichbedeutend mit

$$\hat{x}^T A \hat{x} \ge x^T A \hat{x} \quad \text{für alle} \quad x \in \langle S \rangle,$$

was äquivalent ist zu

$$\hat{x}^T A \hat{x} = \max_{i=1,\dots,n} e_i^T A \hat{x}.$$

Definiert man für jedes $x \in \langle S \rangle$

$$\varphi_i(x) = \max(0, e_i^T A x - x^T A y) \quad \text{für} \quad i = 1, \dots, n,$$

so ist die letzte Bedingung gleichwertig mit

$$\varphi_i(\hat{x}) = 0 \quad \text{für} \quad i = 1, \dots, n. \tag{$*$}$$

Definiert man für jedes $x \in \langle S \rangle$

$$f(x) = \frac{1}{1 + \sum\limits_{i=1}^{n} \varphi_i(x)} \left(x + \sum_{i=1}^{n} \varphi_i(x)\, e_i \right),$$

so erhält man eine stetige Abbildung von $\langle S \rangle$ in sich. Diese besitzt nach dem Brouwerschen Fixpunktsatz einen Fixpunkt $\hat{x} \in \langle S \rangle$, der $(*)$ erfüllt. Damit ist $(\hat{x}, \hat{x})$ ein Nash-Gleichgewicht.

Aufgabe 3: Notwendig und hinreichend dafür, daß $(\hat{x}, \hat{x}) \in \langle S \rangle \times \langle S \rangle$ ein Sattelpunkt ist, ist nach Satz 1.6 die Bedingung

$$\hat{x}^T A x \ge 0 \quad \text{für alle} \quad x \in \langle S \rangle.$$

Diese Bedingung ist gleichwertig mit

$$\hat{x}_1(x_2 - x_3 - x_4) + \hat{x}_2(-x_1 + x_3 - x_4) + \hat{x}_3(x_1 - x_2 + x_4) + \hat{x}_4(x_1 + x_2 - x_3) \geq 0$$

$$\text{für alle } x \in I\!\!R^4 \text{ mit } x_i \geq 0,\ i = 1, 2, 3, 4 \text{ und } \sum_{i=1}^{4} x_i = 1.$$

Daraus folgt insbesondere

$$\begin{aligned}
-\hat{x}_2 &+ \hat{x}_3 + \hat{x}_4 \geq 0, \\
\hat{x}_1 &- \hat{x}_3 + \hat{x}_4 \geq 0, \\
-\hat{x}_1 &+ \hat{x}_2 - \hat{x}_4 \geq 0, \\
-\hat{x}_1 &- \hat{x}_2 + \hat{x}_3 \geq 0.
\end{aligned}$$

Hieraus ergibt sich weiter

$$\hat{x}_3 + \hat{x}_4 \geq \hat{x}_2 \geq \hat{x}_1 + \hat{x}_4 \geq \hat{x}_3 \geq \hat{x}_1 + \hat{x}_2,$$

was

$$\hat{x}_1 = 0 \text{ und } \hat{x}_2 \geq \hat{x}_4 \geq \hat{x}_3 \geq \hat{x}_2, \text{ mithin } \hat{x}_2 = \hat{x}_3 = \hat{x}_4 = \frac{1}{3}$$

impliziert.

Aufgabe 4: Setzt man $u^* = (1 - \frac{V}{D}, \frac{V}{D})$, so folgt

$$\begin{aligned}
u^* A\, u^{*T} &= \tfrac{V}{2}(1 - \tfrac{V}{D})^2 - \tfrac{V^2}{2D}(1 - \tfrac{V}{D}) \\
&= \tfrac{V}{2}(1 - \tfrac{V}{D})(1 - \tfrac{V}{D} + \tfrac{V}{D}) = \tfrac{V}{2}(1 - \tfrac{V}{D}).
\end{aligned}$$

Weiter ist für jedes $u \in \Delta$

$$u\,A\,u^{*T} = (u_1, u_2) \begin{pmatrix} \tfrac{V}{2}(1 - \tfrac{V}{D}) \\ \tfrac{V}{2}(1 - \tfrac{V}{D}) \end{pmatrix} = \frac{V}{2}(1 - \frac{V}{D})$$

mithin

$$u\,A\,u^{*T} = u^* A\,u^{*T} \quad \text{für alle } u \in \Delta$$

und somit u^* ein Nash-Gleichgewicht.

Nun ist für jedes $u \in \Delta$

$$
\begin{aligned}
u\,A\,u^T &= \tfrac{V}{2}\,u_1^2 + V\,u_1\,u_2 + \tfrac{V-D}{2}\,u_2^2 \\
&= \tfrac{V}{2}\,\underbrace{(u_1^2 + 2u_1 u_2 + u_2^2)}_{=(u_1+u_2)^2=1} - \tfrac{D}{2}\,u_2^2 = \tfrac{V}{2}(1 - \tfrac{D}{V}\,u_2^2)
\end{aligned}
$$

und

$$
\begin{aligned}
u^*\,A\,u^T &= \left(1 - \tfrac{V}{D}, \tfrac{V}{D}\right)\begin{pmatrix} \tfrac{V}{2}\,u_1 \\[1mm] V\,u_1 + \tfrac{V-D}{2}\,u_2 \end{pmatrix} \\
&= \frac{V}{2}\left(1 - \frac{V}{D}\right)u_1 + \frac{V}{D}\left(V\,u_1 + \frac{V-D}{2}\,u_2\right) \\
&= \frac{V}{2} + \frac{V^2}{2D}\,u_1 + \frac{V^2}{2D}\,u_2 - \frac{V}{2}\,u_2 = \frac{V^2}{D} + \frac{V}{2}\,u_1.
\end{aligned}
$$

Damit ist

$$
\begin{aligned}
u\,A\,u^t - u^*\,A\,u^T &= \tfrac{V}{2}\,u_2 - \tfrac{D}{2}\,u_2^2 - \tfrac{V^2}{2D} \\
&\leq \tfrac{V^2}{8D} - \tfrac{V^2}{2D} = -\tfrac{3}{8}\,\tfrac{V^2}{D} < 0 \quad \text{für alle } u \in \Delta
\end{aligned}
$$

und u^* somit evolutionsstabil.

1.2 n-Personen-Spiele

1.2.1   Nash-Gleichgewichte

Definition: Ein n-Personen-Spiel für $n \geq 2$ besteht aus einem n-Tupel $(S_1, \ldots, S_n)$ (nichtleerer) Mengen S_i, $i = 1, \ldots, n$, und einem n-Tupel $(\phi_1, \ldots, \phi_n)$ reellwertiger Funktionen ϕ_i, $i = 1, \ldots, n$, auf dem cartesischen Produkt $S_1 \times \cdots \times S_n$.

Interpretation: S_i für $i = 1, \ldots, n$ ist die Strategiemenge des Spielers P_i in dem Spiel, und $\phi_i(s_1, \ldots, s_n)$ ist die Auszahlung an den Spieler P_i, wenn für $j = 1, \ldots, n$ der Spieler P_j die Strategie s_j wählt.

    Jeder Spieler P_i versucht, seine Auszahlung $\phi_i(s_1, \ldots, s_n)$ so groß wie möglich zu machen. Das ist aber i.a. nicht simultan möglich. Daher muß ein

Kompromiß gefunden werden, der für alle Spieler in einem gewissen Sinne optimal ist. Das führt zu der folgenden

Definition: Ein Strategien-n-Tupel $(\hat{s}_1, \ldots, \hat{s}_n) \in S_1 \times \cdots \times S_n$ heißt ein *Nash-Gleichgewicht*, wenn für alle $i = 1, \ldots, n$ gilt

$$\phi_i(\hat{s}_1, \ldots \hat{s}_n) \geq \phi_i(\hat{s}_1, \ldots, \hat{s}_{i-1}, s_i, \hat{s}_{i+1}, \ldots, \hat{s}_n) \quad \text{für alle } s_i \in S_i.$$

Interpretation: Ein Nash-Gleichgewicht ist ein Strategien-n-Tupel derart, daß die Abweichung eines Spielers von diesem n-Tupel bei Festhalten der anderen Spieler an ihrer Strategie höchstens zu einer Verkleinerung der Auszahlung an den Abweichler führt.

Zum Nachweis der Existenz eines Nash-Gleichgewichtes machen wir die folgenden Annahmen:

1) Die Strategiemengen S_i für $i = 1, \ldots, n$ sind konvexe und kompakte Teilmengen im $I\!R^{m_i}$.

2) Die Auszahlungsfunktionen $\phi_i : S_1 \times \cdots \times S_n \to I\!R$ sind stetig.

Dann gilt der

Satz 1.10: Zusätzlich zu den Annahmen 1) und 2) gelte die folgende Annahme: Zu jedem n-Tupel $(s_1^*, \ldots, s_n^*) \in S_1 \times \cdots \times S_n$ und jedem $i = 1, \ldots, n$ gibt es genau ein $\tilde{s}_i \in S_i$ mit

$$\phi_i(s_1^*, \ldots, s_{i-1}^*, \tilde{s}_i, s_{i+1}^*, \ldots, s_n^*) \geq \phi_i(s_1^*, \ldots, s_{i-1}^*, s_i, s_{i+1}^*, \ldots, s_n^*)$$
$$\text{für alle } s_i \in S_i. \tag{1.8}$$

Dann existiert ein Nash-Gleichgewicht.

Beweis: Für jedes $i = 1, \ldots, n$ definieren wir eine Abbildung $A_i : S_1 \times \cdots \times S_n \to S_i$ vermöge

$$A_i(s_1^*, \ldots, s_n^*) = \tilde{s}_i$$

mit $\tilde{s}_i \in S_i$ nach (1.8).

Damit definieren wir eine Abbildung $A = (A_1. \ldots, A_n) : S_1 \times \cdots \times S_n \to S_1 \times \cdots \times S_n$. Ein n-Tupel $(\hat{s}_1, \ldots, \hat{s}_n) \in S_1 \times \cdots \times S_n$ ist genau dann ein Fixpunkt von A, d.h., es gilt

$$A(\hat{s}_1, \ldots, \hat{s}_n) = (\hat{s}_1, \ldots, \hat{s}_n),$$

wenn $(\hat{s}_1, \ldots, \hat{s}_n)$ ein Nash-Gleichgewicht ist.

Da die Menge $S_1 \times \cdots \times S_n$ in $I\!\!R^{m_1 + \cdots + m_n}$ konvex und kompakt ist, folgt die Existenz eines Fixpunktes von A und damit eines Nash-Gleichgewichtes nach dem Brouwerschen Fixpunktsatz, wenn wir noch zeigen, daß die Abbildung A stetig ist.

Dazu muß gezeigt werden, daß jede Abbildung A_i stetig ist. Zu dem Zweck wählen wir eine Folge $(s_1^k, \ldots, s_n^k)_{k \in I\!\!N_0}$ in $S_1 \times \cdots \times S_n$ mit

$$\lim_{k \to \infty} s_i^k = s_i^* \in S_i \ \text{ für } \ i = 1, \ldots, n.$$

Für jedes $k \in I\!\!N_0$ gilt dann mit $s^k = (s_1^k, \ldots, s_n^k)$ für jedes $i = 1, \ldots, n$

$$\begin{aligned}
&\phi_i(s_1^k, \ldots, s_{i-1}^k, (A_i(s^k))_i, s_{i+1}^k, \ldots, s_n^k) \\
&\geq \phi_i(s_1^k, \ldots, s_{i-1}^k, s_i, s_{i+1}^k, \ldots, s_n^k) \ \text{ für alle } s_i \in S_i.
\end{aligned} \tag{1.9}$$

Weiter ist für jedes $i = 1, \ldots, n$

$$\begin{aligned}
&\phi_i(s_1^*, \ldots, s_{i-1}^*, (A_i(s^*))_i, s_{i+1}^*, \ldots, s_n^*) \\
&\geq \phi_i(s_1^*, \ldots, s_{i-1}^*, s_i, s_{i+1}^*, \ldots, s_n^*) \ \text{ für alle } s_i \in S_i \text{ und } s^* = (s_1^*, \ldots, s_n^*).
\end{aligned}$$

Nun sei $i \in \{1, \ldots, n\}$ beliebig fest gewählt. Dann gibt es eine Teilfolge $(s^{k_\ell})_{\ell \in I\!\!N_0}$ und ein $\tilde{s}_i \in S_i$ mit

$$\lim_{\ell \to \infty} (A_i(s^{k_\ell}))_i = \tilde{s}_i.$$

Aus (1.9) folgt somit

$$\begin{aligned}
&\phi_i(s_1^*, \ldots, s_{i-1}^*, \tilde{s}_i, s_{i+1}^*, \ldots, s_n^*) \\
&\geq \phi_i(s_i^*, \ldots, s_{i-1}^*, s_i, s_{i+1}^*, \ldots, s_n^*) \ \text{ für alle } s_i \in S_i
\end{aligned}$$

und daraus $\tilde{s}_i = (A_i(s^*))_i$.

Auf die gleiche Weise zeigt man, daß zu jeder Teilfolge $(s^{k_\ell})_{\ell \in \mathbb{N}_0}$ eine Teilfolge $(s^{k_{\ell m}})_{m \in \mathbb{N}_0}$ existiert mit

$$\lim_{m \to \infty} (A_i(s^{k_{\ell m}}))_i = (A_i(s^*))_i,$$

woraus folgt, daß gilt

$$\lim_{k \to \infty} (A_i(s^k))_i = (A_i(s^*))_i,$$

was den Beweis vollendet.

Genau wie im Fall $n = 2$ läßt sich auch hier aus dem Beweis von Satz 1.10 ein Iterationsverfahren zur Berechnung von Nash-Gleichgewichten gewinnen. Wir legen dazu wieder die obigen beiden Annahmen zugrunde.

Ausgehend von einem n-Tupel $s^\circ \in S_1 \times \cdots \times S_n$ konstruieren wir eine Folge $(s^k)_{k \in \mathbb{N}_0}$ in $S_1 \times \cdots \times S_n$ folgendermaßen: Ist $s^k \in S_1 \times \cdots \times S_n$ gegeben oder bereits konstruiert für ein $k \in \mathbb{N}_0$, so bestimmen wir für jedes $i = 1, \ldots, n$ ein $s_i^{k+1} \in S_i$ mit

$$\phi_i(s_1^k, \ldots, s_{i-1}^k, s_i^{k+1}, s_{i+1}^k, \ldots, s_n^k) \geq \phi_i(s_1^k, \ldots, s_{i-1}^k, s_i, s_{i+1}^k, \ldots, s_n^k)$$

$$\text{für alle } s_i \in S_i$$

und setzen $s^{k+1} = (s_1^{k+1}, \ldots, s_n^{k+1})$.

Gibt es dann ein $\hat{s} \in S_1 \times \cdots \times S_n$ mit $\hat{s} = \lim_{k \to \infty} s^k$, so folgt für jedes $i = 1, \ldots, n$

$$\phi_i(\hat{s}_1, \ldots, \hat{s}_n) \geq \phi_i(\hat{s}_1, \ldots, \hat{s}_{i-1}, s_i, \hat{s}_{i+1}, \ldots, \hat{s}_n) \quad \text{für alle } s_i \in S_i,$$

d.h., $(\hat{s}_1, \ldots, \hat{s}_n)$ ist ein Nash-Gleichgewicht.

Wir nehmen jetzt zusätzlich an, daß für jedes $s^* \in S$ die Funktionen $\phi_i(s_1^*, \ldots, s_{i-1}^*, \cdot, s_{i+1}^*, \ldots, s_n^*) : S_i \to \mathbb{R}$, $i = 1, \ldots, n$, konkav sind und Gateaux-differenzierbar. Dann ist $\hat{S} \in S_1 \times \cdots \times S_n$ genau dann ein Nash-Gleichgewicht, wenn für alle $i = 1, \ldots, n$ gilt

$$\nabla_{s_i} \phi_i(\hat{s})^T \hat{s}_i \geq \nabla_{s_i} \phi_i(\hat{s})^T s_i \quad \text{für alle } s_i \in S_i.$$

Dabei ist, für $i = 1, \ldots, n$, $\nabla_{s_i} \phi_i(\cdot)$ der Gradient von ϕ_i bezüglich s_i.

Das obige Iterationsverfahren verläuft dann, wie folgt: Ausgehend von einem n-Tupel $s^0 \in S_1 \times \cdots \times S_n$ konstruieren wir eine Folge $(s^k)_{k \in I\!N_0}$ in $S_1 \times \cdots \times S_n$ folgendermaßen: Ist $s^k \in S_1 \times \cdots \times S_n$ gegeben oder bereits konstruiert für ein $k \in I\!N_0$, so bestimmen wir für jedes $i = 1, \ldots, n$ ein $s_i^{k+1} \in S_i$ mit

$$\nabla_{s_i} \phi_i(s^k)^T s_i^{k+1} \geq \nabla_{s_i} \phi_i(s^k)^T s_i \quad \text{für alle} \quad s_i \in S_i$$

und setzen $s^{k+1} = (s_i^{k+1}, \ldots, s_n^{k+1})$.

Ist für jedes $i = 1, \ldots, n$ die Abbildung $\nabla_{s_i} \phi_i : S_1 \times \cdots \times S_n \to I\!R^{m_i}$ stetig und existiert $\hat{s} = \lim\limits_{k \to \infty} s^k$, so folgt

$$\nabla_{s_i} \phi_i(\hat{s})^T \hat{s}_i \geq \nabla_{s_i} \phi_i(\hat{s})^T s_i \quad \text{für alle} \quad s_i \in S_i, \ i = 1, \ldots, n$$

und $\hat{s} \in S_1 \times \cdots \times S_n$ ist ein Nash-Gleichgewicht.

Spezialfälle:

a)

$$S_i = \{ s_i \in I\!R^{m_i} \mid \theta_{m_i} \leq s_i \leq s_i^* \text{ für ein } s_i^* \in I\!R^{m_i} \text{ mit } s_i^* \geq \theta_{m_i} \}$$

für $i = 1, \ldots, n$.

Setzt man dann für jedes $i = 1, \ldots, n$

$$s_{ij}^{k+1} = \begin{cases} s_{ij}^*, & \text{falls} \quad \phi_{is_{ij}}(s^k) \geq 0, \\ 0, & \text{falls} \quad \phi_{is_{ij}}(s^k) < 0, \end{cases}$$

so folgt

$$\nabla_{s_i} \phi_i(s^k)^T s_i^{k+1} \geq \nabla_{s_i} \phi_i(s^k)^T s_i \quad \text{für alle} \quad s_i \in S_i.$$

Wir betrachten zwei Beispiele: Sei $m_i = 1$ für $i = 1, \ldots, n$.

1) Sei $n \geq 2$ beliebig und

$$\phi_i(s) = (\sum_{j=1}^n s_j) \, s_i - s_i^2, \ i = 1, \ldots, n.$$

Dann ist

$$\phi_{is_i}(s) = \sum_{j=1}^{n} s_j + s_i - 2s_i = \sum_{\substack{j=1\\j\neq i}}^{n} s_j \geq 0$$

$$\text{für alle } s \in S_1 \times \cdots \times S_n \text{ und } i = 1, \ldots, n$$

und somit

$$\phi_{is_i}(s^*)\, s_i^* \geq \phi_{is_i}(s^*)\, s_i \text{ für alle } s_i \in S_i,\ i = 1, \ldots, n, \qquad (*)$$

und somit $\hat{s} = s^*$ ein Nash-Gleichgewicht.

2) Sei $n = 3$ und

$$\phi_i(s) = s_1\, s_2\, s_3 - s_i^2,\ i = 1, 2, 3.$$

Dann ist

$$\phi_{is_i}(s) = s_j\, s_k - 2s_i \ \text{ für }\ j, k \neq i = 1, 2, 3.$$

Sei speziell $s_1^* = s_2^* = s_3^* \geq 2$; dann ist

$$\phi_{is_i}(s^*) = s_j^*\, s_k^* - 2s_i^* = s_i^*(s_i^* - 2) \geq 0 \ \text{ für }\ i = 1, 2, 3$$

und somit ebenfalls $(*)$ erfüllt, was impliziert, daß $\hat{s} = s^*$ ein Nash-Gleichgewicht ist.

Die Bedingung

$$\phi_{is_i}(\hat{s})\, \hat{s}_i \geq \phi_{is_i}(\hat{s})\, s_i \ \text{ für alle }\ s_i \in S_i,\ i = 1, \ldots, n, \qquad (**)$$

die notwendig und hinreichend dafür ist, daß $\hat{s} \in S_1 \times \cdots \times S_n$ ein Nash-Gleichgewicht ist, ist gleichbedeutend mit

$$\hat{s}_i = \begin{cases} s_i^*, & \text{falls } \phi_{is_i}(\hat{s}) \geq 0 \text{ ist,} \\ 0, & \text{falls } \phi_{is_i}(\hat{s}) < 0 \text{ ist.} \end{cases}$$

Das gibt Anlaß zur Konstruktion einer Folge $(s^k)_{k \in \mathbb{N}_0}$ in $S_1 \times \cdots \times S_n$ definiert vermöge

$$s_i^{k+1} = \begin{cases} s_i^*, & \text{falls } \phi_{is_i}(s^k) \geq 0 \text{ ist,} \\ 0, & \text{falls } \phi_{is_i}(s^k) < 0 \text{ ist,} \end{cases}$$

was

$$\phi_{is_i}(s^k)\, s_i^{k+1} \geq \phi_{is_i}(s^k)\, s_i \ \text{ für alle }\ s_i \in S_i,\ i = 1, \ldots, n,$$

impliziert.

Gilt $s^k \to \hat{s} \in S_1 \times \cdots \times S_n$, so folgt (∗∗), und $\hat{s}$ ist ein Nash-Gleichgewicht. In Beispiel 2) sei $s_1^* = 1$, $s_2^* = 2$, $s_3^* = 3$.

Wählt man $s^\circ = s^* = (1, 2, 3)$, so ergibt sich

$$s_1^1 = 1, \ s_2^1 = 0, \ s_3^1 = 0,$$

$$s_1^2 = 0, \ s_2^2 = 0, \ s_3^2 = 0$$

$$\text{und} \quad s_1^k = s_2^k = s_3^k = 0 \ \text{ für alle } \ k \geq 2$$

Mithin $s^k \to \hat{s} = (0, 0, 0)$, und $\hat{s}$ ist ein Nash-Gleichgewicht.

b)

$$S_i = \{ s_i \in I\!R^{m_i} | \ s_{ij} \geq 0 \ \text{ für } \ j = 1, \ldots, m_i, \ \sum_{j=1}^{m_i} s_{ij} \leq s_i^*$$

$$\text{für ein } s_i^* \in I\!R \text{ mit } s_i^* > 0 \}.$$

Zur Berechnung von s_i^{k+1} hat man dann

$$\nabla_{s_i} \phi_i(s^k)^T s_i = \sum_{j=1}^{m_i} \phi_{is_{ij}}(s^k) \, s_{ij} \ \text{ zu maximieren}$$

unter den Nebenbedingungen

$$s_{ij} \geq 0 \text{ für } j = 1, \ldots, m_i \text{ und } \sum_{j=1}^{m_i} s_{ij} \leq s_i^*.$$

Nun ist für jedes $i = 1, \ldots, n$

$$\nabla_{s_i} \phi_i(s^k)^T s_i \leq \max_{j=1,\ldots,m_i} \phi_{is_{ij}}(s^k) \cdot s_i^* \ \text{ für alle } \ s_i \in S_i.$$

Sei

$$I_i = \{ j \in \{1, \ldots, m_i\} | \ \phi_{is_{ij}}(s^k) = \max_{\ell=1,\ldots,m_i} \phi_{is_{i\ell}}(s^k) \}, \ i = 1, \ldots, n.$$

Setzt man dann für jedes $i = 1, \ldots, n$

$$s_{ij}^{k+1} = 0 \ \text{ für alle } \ j \notin I_i$$

und wählt $s_{ij}^{k+1} \geq 0$ für $j \in I_i$ so, daß gilt $\sum_{j \in I_i} s_{ij}^{k+1} = s_i^*$, so ist $s_i^{k+1} \in$ $I\!R^{m_i}$ eine Lösung des obigen Optimierungsproblems.

c)

$$S_i = \{s_i \in I\!R^{m_i} \mid s_{ij} \geq 0 \text{ für } j = 1, \ldots, m_i, \sum_{j=1}^{m_i} s_{ij} = 1\}.$$

Annahme:

$$\nabla_{s_i} \phi_i(s)\, s_i > 0 \text{ für alle } s \in S = S_1 \times \cdots \times S_n \text{ und } i = 1, \ldots, n.$$

Unter dieser Annahme definieren wir eine Abbildung $f = (f_1, \ldots, f_n) : S \to S$ vermöge

$$f_i(s)_j = \frac{\nabla_{s_i} \phi_i(s)^T\, e_j^i}{\nabla_{s_i} \phi_i(s)^T\, s_i}\, s_{ij} \text{ für } j = 1, \ldots, m_i,\ i = 1, \ldots, n,$$

wobei $e_j^i \in I\!R^{m_i}$ der j-te Einheitsvektor ist.

Diese Abbildung besitzt nach dem Brouwerschen Fixpunktsatz mindestens einen Fixpunkt $\hat{s} \in S$, und für jeden solchen gilt

$$\nabla_{s_i} \phi_i(\hat{s})^T\, e_j^i = \nabla_{s_i} \phi_i(\hat{s})^T\, \hat{s}_i \text{ für alle } j = 1, \ldots, m_i$$

$$\text{mit } \hat{s}_{ij} > 0 \text{ und } i = 1, \ldots, n.$$

Hieraus folgt für jedes $s \in S$

$$\nabla_{s_i} \phi_i(\hat{s})^T\, s_i = \nabla_{s_i} \phi_i(\hat{s})^T\, \hat{s}_i \text{ für } i = 1, \ldots, n,$$

d.h.: $\hat{s}$ ist ein Nash-Gleichgewicht, falls $\hat{s}_{ij} > 0$ für alle $j = 1, \ldots, m_i$ und $i = 1, \ldots, n$. Definiert man daher, ausgehend von einem $s^0 \in S$, eine Folge $(s^k)_{k \in I\!N_0}$ in S vermöge $s^{k+1} = f(s^k)$ und konvergiert diese Folge gegen ein $\hat{s} \in S$, so ist $\hat{s}$ ein Fixpunkt von f und somit ein Nash-Gleichgewicht, falls $\hat{s}_{ij} > 0$ für alle $j = 1, \ldots, m_i$ und $i = 1, \ldots, n$.

Im folgenden nehmen wir an, daß die Strategiemengen S_i endlich sind, etwa $S_i = \{s_1^i, s_2^i, \ldots, s_{m_i}^i\}$ für $i = 1, \ldots, n$. Definiert man Tensoren A^i vermöge $A^i = (a_{i_1 i_2 \ldots i_n}^i)$, wobei $a_{i_1 i_2 \ldots i_n}^i = \phi_i(s_{i_1}^1, s_{i_2}^2, \ldots, s_{i_n}^n)$, $i_j \in \{1, \ldots, m_j\}$ für $j = 1, \ldots, n$, so kann man für jedes $i = 1, \ldots, n$ die Auszahlungsfunktion ϕ_i mit Hilfe des Tensors A^i darstellen. Definiert man für jedes $j = 1, \ldots, n$ eine Menge gemischter Strategien

$$\langle S \rangle = \{x^j \in I\!R^{m_j} \mid x_k^j \geq 0 \text{ für } k = 1, \ldots, m_j \text{ und } \sum_{k=1}^{m_j} x_k^j = 1\}$$

und dazu eine Auszahlungsfunktion $\tilde{\phi}_j : \langle S_1 \rangle \times \cdots \times \langle S_n \rangle \to I\!R$ vermöge

$$\tilde{\phi}_j(x^1, \ldots, x^n) = \sum_{i_1=1}^{m_1} \sum_{i_2=1}^{m_2} \cdots, \sum_{i_n=1}^{m_n} x_{i_1}^j x_{i_2}^j \cdots x_{i_n}^j \, a_{i_1 i_2 \ldots i_n}^j,$$

so erhält man wiederum ein n-Personen-Spiel. Dieses Spiel nennt man die *gemischte Erweiterung* des Ausgangsspieles.

Ein n-Tupel $(\hat{x}^1, \ldots, \hat{x}^n) \in \langle S_1 \rangle \times \cdots \times \langle S_n \rangle$ ist genau dann ein Nash-Gleichgewicht, wenn gilt

$$\tilde{\phi}(\hat{x}^1, \ldots, \hat{x}^n) \geq \tilde{\phi}_j(\hat{x}^1, \ldots, \hat{x}^{j-1}, x^j, \hat{x}^{j+1}, \ldots, \hat{x}^n) \ \text{ für alle } x^j \in \langle S_j \rangle$$

$$\text{und alle } j = 1, \ldots, n.$$

Wegen

$$\tilde{\phi}_j(\hat{x}^1, \ldots, \hat{x}^{j-1}, x^j, \hat{x}^{j+1}, \ldots, \hat{x}^n) = \sum_{i_j=1}^{m_j} x_{i_j}^j \, \tilde{\phi}_j(\hat{x}^1, \ldots, \hat{x}^{j-1}, e_{i_j}^j, \hat{x}^{j+1}, \ldots, \hat{x}^n)$$

für $x^j \in \langle S_j \rangle$ und $j = 1, \ldots, n$ ist das gleichbedeutend mit

$$\tilde{\phi}_j(\hat{x}_1, \ldots, \hat{x}_n) = \max_{i_j} \tilde{\phi}_j(\hat{x}^1, \ldots, \hat{x}^{j-1}, e_{i_j}^j, \hat{x}^{j+1}, \ldots, \hat{x}^n)$$

$$\text{für } \ j = 1, \ldots, n.$$

Nun sei $(x^1, \ldots, x^n) \in \langle S_1 \rangle \times \cdots \times \langle S_n \rangle$ beliebig vorgegeben. Dann definieren wir für jedes $j = 1, \ldots, n$

$$\varphi_{j i_j}(x^1, \ldots, x^n) = \max(0, \tilde{\phi}_j(x^1, \ldots, x^{j-1}, e_{i_j}^j, x^{j+1}, \ldots, x^n) - \tilde{\phi}_j(x^1, \ldots, x^n))$$

und damit

$$\tilde{x}_k^j = \frac{1}{1 + \sum\limits_{i_j} \varphi_{j i_j}(x^1, \ldots, x^n)} \left(x_k^j + \sum_{i_j} \varphi_{j i_j}(x^1, \ldots, x^n) \, e_{i_j}^k \right),$$

$$k = 1, \ldots, m_j, \ j = 1, \ldots, n$$

Setzt man dann

$$(\tilde{x}^1, \ldots, \tilde{x}^n) = T(x^1, \ldots, x^n),$$

so erhält man eine stetige Abbildung $T : \langle S_1 \rangle \times \cdots \times \langle S_n \rangle \to \langle S_1 \rangle \times \cdots \times \langle S_n \rangle$. Diese besitzt nach dem Brouwerschen Fixpunktsatz einen Fixpunkt $(\hat{x}^1, \ldots, \hat{x}^n) \in \langle S_1 \rangle \times \cdots \times \langle S_n \rangle$.

Für diesen gilt notwendig (vgl. dazu den Beweis von Satz 1.2)

$$\varphi_{ji_j}(\hat{x}^1,\ldots,\hat{x}^n) = 0 \text{ für alle } i_j \in \{1,\ldots,m_j\} \text{ und alle } j = 1,\ldots,n.$$

Das ist aber gleichbedeutend mit

$$\tilde{\phi}_j(\hat{x}^1,\ldots,\hat{x}^n) = \max_{i_j} \tilde{\phi}_j(\hat{x}^1,\ldots,\hat{x}^{j-1},e^j_{i_j},\hat{x}^{j+1},\ldots,\hat{x}^n)$$

für alle $j = 1,\ldots,n$ und das wiederum damit, daß $(\hat{x}^1,\ldots,\hat{x}^n)$ ein Nash-Gleichgewicht ist.

Umgekehrt ist jedes solche auch ein Fixpunkt der Abbildung T.

Zusammenfassend haben wir also den

Satz 1.10*: Die gemischte Erweiterung eines n-Personen-Spieles mit endlichen Strategiemengen besitzt ein Nash-Gleichgewicht.

1.2.2 Drei-Personen-Nullsummen-Spiele

Wir betrachten im folgenden Drei-Personen-Spiele mit Strategiemengen S_1, S_2, S_3 und Auszahlungsfunktionen $\phi_i : S_1 \times S_2 \times S_3 \to I\!R$ für $i = 1,2,3$ derart, daß gilt

$$\phi_1(s_1,s_2,s_3) + \phi_2(s_1,s_2,s_3) + \phi_3(s_1,s_2,s_3) = 0$$
$$\text{für alle } (s_1,s_2,s_3) \in S_1 \times S_2 \times S_3.$$

In Abschnitt 1.1.3 über Zwei-Personen-Nullsummen-Spiele haben wir gezeigt, daß man für solche Spiele einen Wert definieren kann, wenn sie einen Sattelpunkt in der Menge der Strategienpaare besitzen. Dieser Wert ist dem "Gewinnspieler" garantiert und das Negative dieses Wertes dem "Verlustspieler".

Es erhebt sich die Frage, ob so etwas auch für ein Drei-Personen-Nullsummen-Spiel möglich ist. Dazu gehen wir von der Möglichkeit aus, daß sich jeweils zwei Spieler in einer Koalition zusammentun und gegen den dritten spielen. Auf diese Weise ergeben sich drei Zwei-Personen-Nullsummen-Spiele mit den Auszahlungsfunktionen

$$\phi_{ij}(s_1,s_2,s_3) = \phi_i(s_1,s_2,s_3) + \phi_j(s_1,s_2,s_3) = -\phi_k(s_1,s_2,s_3)$$
$$\text{für } (s_1,s_2,s_3) \in S_1 \times S_2 \times S_3, \ i < j, \ k \neq i,j.$$

Wir nehmen an, daß für jedes dieser Spiele ein Wert definiert werden kann.
Diese drei Werte sind dann gegeben durch

$$w_{12} = \max_{(s_1,s_2)\in S_1\times S_2}\ \min_{s_3\in S_3}\ \phi_{12}(s_1, s_2, s_3),$$

$$w_{13} = \max_{(s_1,s_3)\in S_1\times S_3}\ \min_{s_2\in S_2}\ \phi_{13}(s_1, s_2, s_3),$$

$$w_{23} = \max_{(s_2,s_3)\in S_2\times S_3}\ \min_{s_1\in S_1}\ \phi_{23}(s_1, s_2, s_3).$$

Wir denken uns nun jedem Spieler einen Wert w_i für $i = 1, 2, 3$ zugeordnet,
den er sich garantieren kann. Da das Spiel ein Nullsummen-Spiel ist, muß die
Bedingung

$$w_1 + w_2 + w_3 = 0 \qquad (1.10)$$

erfüllt sein.

Weiterhin nehmen wir an, daß der Wert, den zwei Spieler in einer Koalition gegen den dritten erzielen können, mindestens so groß ist wie die Summe
ihrer Einzelwerte. Das führt zu den folgenden drei Bedingungen:

$$w_1 + w_2 \leq w_{12},\ w_1 + w_3 \leq w_{13},\ w_2 + w_3 \leq w_{23}. \qquad (1.11)$$

Aus diesen ergibt sich dann notwendig die Bedingung

$$w_{12} + w_{13} + w_{23} \geq 0.$$

Wir betrachten zunächst den Fall

$$w_{12} + w_{13} + w_{23} = 0. \qquad (1.12)$$

Definiert man dann

$$w_1 = \tfrac{1}{2}\left(w_{12} + w_{13} - w_{23}\right) = -w_{23},$$

$$w_2 = \tfrac{1}{2}\left(w_{12} + w_{23} - w_{13}\right) = -w_{13}, \qquad (1.13)$$

$$w_3 = \tfrac{1}{2}\left(w_{13} + w_{23} - w_{12}\right) = -w_{12},$$

so ist (1.11) erfüllt, und es gilt sogar

$$w_1 + w_2 = w_{12},\ w_1 + w_3 = w_{13},\ w_2 + w_3 = w_{23}.$$

Die Werte (1.13) sind den Spielern unter der Annahme (1.12) garantiert und
durch Koalitionenbildung wird nicht gewonnen.

Anders ist die Situation im Fall

$$w_{12} + w_{13} + w_{23} > 0. \tag{1.14}$$

Definiert man jetzt

$$w_1 = \tfrac{1}{3}\left(w_{12} + w_{13} - 2w_{23}\right) > -w_{23},$$

$$w_2 = \tfrac{1}{3}\left(w_{12} + w_{23} - 2w_{13}\right) > -w_{13}, \tag{1.15}$$

$$w_3 = \tfrac{1}{2}\left(w_{13} + w_{23} - 2w_{12}\right) > -w_{12},$$

so ist wiederum (1.11) erfüllt, und es folgt

$$w_1 + w_2 < w_{12}, \ w_1 + w_3 < w_{13}, \ w_2 + w_3 < w_{23}.$$

Die Werte (1.15) sind den Spielern unter der Annahme (1.14) garantiert. Jetzt wird durch Koalitionenbildung etwas gewonnen; denn setzt man

$$d = w_{12} + w_{13} + w_{23}(> 0),$$

so folgt

$$w_{12} = -w_3 + \frac{d}{3}, \ w_{13} = -w_2 + \frac{d}{3}, \ w_{23} = -w_1 + \frac{d}{3}.$$

Im Fall (1.12) ist $d = 0$, und es wird nichts gewonnen (wie oben bereits gesehen).

Ist

$$w_{12} + w_{13} + w_{23} < 0 \tag{1.16}$$

und definiert man w_1, w_2, w_3 durch (1.15), so folgt

$$w_{12} < -w_3, \ w_{13} < -w_2, \ w_{23} < -w_1,$$

d.h. durch Koalitionenbildung wird nur etwas verloren.

Der Fall (1.16) ist aber nicht möglich; denn es gilt

$$w_{12} = \max_{(s_1,s_2)\in S_1\times S_2} \min_{s_3\in S_3} \left(-\phi_3(s_1,s_2,s_3)\right) = \max_{(s_1,s_2)\in S_1\times S_2} \left(-\max_{s_3\in S_3} \phi_3(s_1,s_2,s_3)\right)$$

$$= -\min_{(s_1,s_2)\in S_1\times S_2} \max_{s_3\in S_3} \phi_3(s_1,s_2,s_3) \geq -\min_{(s_1,s_2,s_3)\in S_1\times S_2\times S_3} \phi_3(s_1,s_2,s_3)$$

$$= \max_{(s_1,s_2,s_3)\in S_1\times S_2\times S_3} \left(-\phi_3(s_1,s_2,s_3) \geq -\phi_3(s_1,s_2,s_3)\right)$$

$$\text{für alle } (s_1,s_2,s_3) \in S_1 \times S_2 \times S_3.$$

Analog zeigt man

$$w_{13} \geq -\phi_2(s_1, s_2, s_3) \quad \text{und} \quad w_{23} \geq -\phi_1(s_1, s_2, s_3)$$
$$\text{für alle} \quad (s_1, s_2, s_3) \in S_1 \times S_2 \times S_3,$$

so daß sich

$$w_{12} + w_{13} + w_{23} \geq -\phi_1(s_1, s_2, s_3) - \phi_2(s_1, s_2, s_3) - \phi_3(s_1, s_2, s_3) = 0$$

ergibt.

Fazit: Durch Koalitionenbildung kann man höchstens gewinnen.

Diese Überlegungen lassen sich auch auf den Fall eines allgemeinen $n \geq 4$ übertragen.

Wir gehen aus von einem Spiel mit $n \geq 4$ Strategiemengen $S_1, \ldots, S_n$ und Auszahlungsfunktionen $\phi_i : S_1 \times \cdots \times S_n \to I\!\!R$ für $i = 1, \ldots, n$ derart, daß gilt

$$\sum_{i=1}^{n} \phi_i(s_1, \ldots, s_n) = 0 \quad \text{für alle} \quad (s_1, \ldots, s_n) \in S_1 \times \cdots \times S_n.$$

Wir nehmen wieder an, daß sich jeweils $n - 1$ Spieler in einer Koalition zusammentun und gegen den n-ten spielen können. Auf diese Weise ergeben sich $n-1$ Zwei-Personen-Nullsummen-Spiele mit den Auszahlungsfunktionen

$$\tilde{\phi}_i(s_1, \ldots, s_n) = \sum_{\substack{j=1 \\ j \neq i}}^{n} \phi_j(s_1, \ldots, s_n), \ (s_1, \ldots, s_n) \in S_1 \times \cdots \times S_n,$$
$$\text{für} \quad i = 1, \ldots, n.$$

Wir nehmen wieder an, daß für jedes dieser Spiele ein Wert definiert werden kann, der dann gegeben ist durch

$$\tilde{w}_i = \max_{\substack{s_j \in S_j \\ j \neq i}} \min_{s_i \in S_i} \tilde{\phi}_i(s_1, \ldots, s_n) \quad \text{für} \quad i = 1, \ldots, n.$$

Dann läßt sich analog wie im Fall $n = 3$ zeigen, daß gilt

$$d = \sum_{i=1}^{n} \tilde{w}_i \geq 0.$$

Definiert man nun für jeden Spieler $i = 1, \ldots, n$ einen Wert w_i vermöge

$$w_i = \frac{1}{n} \left(\sum_{j \neq i} \tilde{w}_j - (n-1)\,\tilde{w}_i \right),$$

so folgt

$$\sum_{i=1}^{n} w_i = \frac{1}{n} \Big(\underbrace{\sum_{i=1}^{n} \sum_{j \neq i} \tilde{w}_j}_{(n-1)\sum\limits_{j=1}^{n} \tilde{w}_j} - (n-1) \sum_{i=1}^{n} \tilde{w}_i \Big) = 0$$

und

$$w_i = \frac{1}{n} \sum_{j \neq i} \tilde{w}_j - \frac{n-1}{n}\,\tilde{w}_i = \frac{1}{n}\,d - \tilde{w}_i, \quad i = 1, \ldots, n.$$

Dieser Wert w_i für $i = 1, \ldots, n$ kann jedem Spieler i garantiert werden, und es ist

$$
\begin{aligned}
\sum_{j \neq i} w_j &= \tfrac{1}{n} \Big(\sum_{j \neq i} \underbrace{\sum_{k \neq j} \tilde{w}_k\,\tilde{w}_k}_{d - \tilde{w}_j} - (n-1) \sum_{j \neq i} \tilde{w}_j \Big) \\
&= \tfrac{n-1}{n}\,d - \tfrac{1}{n} \sum_{j \neq i} \tilde{w}_j - \tfrac{n-1}{n} \sum_{j \neq i} \tilde{w}_j \\
&= \tfrac{n-1}{n}\,d - \underbrace{\sum_{j \neq i} \tilde{w}_j}_{d - \tilde{w}_i} = \tilde{w}_i - \tfrac{1}{n}\,d \leq \tilde{w}_i \quad \text{für} \quad i = 1, \ldots, n,
\end{aligned}
$$

d.h. die Summe der Werte von $n - 1$ Spielern ist höchstens so groß wie der Wert, den sie erzielen, wenn sie sich zu einer Koalition zusammenschließen.

Im Falle $d = 0$ sind diese Werte sogar gleich.

1.2.3 Pareto-Optima

Wir gehen wieder von einem n-Personen-Spiel mit den Strategiemengen $S_1, \ldots,$ S_n und Auszahlungsfunktionen $\phi_1, \ldots, \phi_n$ aus.

Definition: Ein n-Tupel $(s_1^*, \ldots, s_n^*) \in S_1 \times \cdots \times S_n$ heißt ein *Pareto-Optimum*, wenn für jedes n-Tupel $(s_1, \ldots, s_n) \in S_1 \times \cdots \times S_n$ mit

$$\phi_i(s_1, \ldots, s_n) \geq \phi_i(s_1^*, \ldots, s_n^*) \quad \text{für alle} \quad i = 1, \ldots, n$$

notwendig folgt, daß gilt

$$\phi_i(s_1, \ldots, s_n) = \phi_i(s_1^*, \ldots, s_n^*) \quad \text{für alle} \quad i = 1, \ldots, n,$$

oder, kontrapositorisch formuliert, wenn für jedes n-Tupel $(s_1, \ldots, s_n) \in S_1 \times \cdots \times S_n$ folgendes gilt: Gibt es ein $i_0 \in \{1, \ldots, n\}$ mit

$$\phi_{i_0}(s_1, \ldots, s_n) > \phi_{i_0}(s_1^*, \ldots, s_n^*),$$

so gibt es auch ein $i_1 \in \{1, \ldots, n\}$ mit

$$\phi_{i_1}(s_1, \ldots, s_n) < \phi_{i_1}(s_1^*, \ldots, s_n^*).$$

Verbal ausgedrückt bedeutet das, daß es kein n-Tupel $(s_1, \ldots, s_n) \in S_1 \times \cdots \times S_n$ gibt, bei dem sich ein Spieler gegenüber dem n-Tupel $(s_1^*, \ldots, s_n^*)$ verbessert, ohne daß sich zugleich ein anderer verschlechtert.

Der folgende Satz liefert eine einfache hinreichende Bedingung für ein Pareto-Optimum.

Satz 1.11: Gilt für ein n-Tupel $s^* \in S_1 \times \cdots \times S_n$

$$\sum_{i=1}^{n} \phi_i(s^*) \geq \sum_{i=1}^{n} \phi_i(s) \quad \text{für alle} \quad s \in S_1 \times \cdots \times S_n, \qquad (1.17)$$

so ist s^* ein Pareto-Optimum.

Beweis: Ist nämlich $s \in S_1 \times \cdots \times S_n$ ein n-Tupel mit

$$\phi_i(s) \geq \phi_i(s^*) \quad \text{für alle} \quad i = 1, \ldots, n,$$

so folgt

$$\sum_{i=1}^{n} \phi_i(s) \geq \sum_{i=1}^{n} \phi_i(s^*)$$

und damit

$$\sum_{i=1}^{n} \phi_i(s) = \sum_{i=1}^{n} \phi_i(s^*),$$

was

$$\phi_i(s) = \phi_i(s^*) \quad \text{für alle} \quad i = 1, \ldots, n$$

nach sich zieht.

Die Existenz eines Pareto-Optimums ist sichergestellt, wenn die Strategiemengen S_i für $i = 1, \ldots, n$ kompakte Teilmengen endlich-dimensionaler Räume $I\!R^{m_i}$ sind und die Auszahlungsfunktion ϕ_i für $i = 1, \ldots, n$ auf dem cartesischen Produkt $S_1 \times \cdots \times S_n$ stetig. Dann ist die Existenz eines n-Tupels $s^* \in S_1 \times \cdots \times S_n$ mit (1.17) sichergestellt. Das ist z.B. bei der gemischten Erweiterung eines Spieles mit endlichen Strategiemengen der Fall.

Auf die gleiche Weise wie für Satz 1.11 zeigt man auch, daß jedes n-Tupel $s(\lambda) \in S_1 \times \cdots \times S_n$ mit

$$\sum_{i=1}^{n} \lambda_i \, \phi_i(s(\lambda)) \geq \sum_{i=1}^{n} \lambda_i \, \phi(s) \quad \text{für alle } s \in S_1 \times \cdots \times S_n \qquad (1.18)$$

ein Pareto-Optimum ist. Dabei ist $\lambda = (\lambda_1, \ldots, \lambda_n)^T \in I\!R^n$ ein Vektor mit $\lambda_i > 0$ für $i = 1, \ldots, n$.

Umgekehrt gilt der

Satz 1.12: Sei die Menge $\phi(S) - I\!R^n_+$ mit

$$\phi(s) = \begin{pmatrix} \phi_1(s) \\ \vdots \\ \phi_n(s) \end{pmatrix}, \; s \in S = S_1 \times \cdots \times S_n,$$

konvex und besitze ein nicht-leeres Inneres $int(\phi(S) - I\!R^n_+)$.

Behauptung: Ist $s^* \in S$ ein Pareto-Optimum, so gibt es einen Vektor $\lambda \in I\!R^n_+$ mit $\lambda \neq \theta_n$ derart, daß (1.18) mit $s(\lambda) = s^*$ erfüllt ist.

Beweis: Da $s^* \in S$ ein Pareto-Optimum ist, folgt

$$\{\phi(s^*)\} = (\phi(s^*) + I\!R^n_+) \cap (\phi(s) - I\!R^n_+).$$

Da $\phi(s^*) \notin int(\phi(S) - I\!R^n_+)$, folgt

$$(\phi(s^*) + I\!R^n_+) \cap int(\phi(S) - I\!R^n_+) = \emptyset = \text{ leere Menge.}$$

Da beide Mengen konvex sind, folgt nach einem Trennungssatz für konvexe Mengen die Existenz eines Vektors $\lambda \in I\!R^n$ mit $\lambda \neq \theta_n$ und einer Zahl $\alpha \in I\!R$

mit

$$\lambda^T(\phi(s^*) + z_1) \geq \alpha \geq \lambda^T(\phi(s) - z_2) \quad \text{für alle } z_1, z_2 \in I\!\!R_+^n \text{ und alle } s \in S.$$

Daraus folgt $\lambda \in I\!\!R_+^m$ und

$$\lambda^T \phi(s^*) \geq \lambda^T \phi(s) \quad \text{für alle } s \in S, \text{ q.e.d..} \tag{1.19}$$

Der Begriff des Pareto-Optimums kann auf folgende Weise abgeschwächt werden.

Definition: Ein n-Tupel $\hat{s} \in S$ heißt *schwaches Pareto-Optimum*, wenn es kein n-Tupel $s \in S$ gibt mit

$$\phi_i(s) > \phi_i(\hat{s}) \quad \text{für alle } i = 1, \ldots, n. \tag{1.20}$$

Ein Pareto-Optimum ist offensichtlich auch ein schwaches Pareto-Optimum. Die Umkehrung ist i.a. falsch.

Satz 1.13: Sei $s^* \in S$ ein n-Tupel derart, daß ein Vektor $\lambda \in I\!\!R_+^n$ mit $\lambda \neq \theta_n$ existiert, für den (1.19) erfüllt ist. Dann ist s^* ein schwaches Pareto-Optimum.

Beweis: Gäbe es ein $s \in S$ mit (1.20), so folgte $\lambda^T \phi(s) > \lambda^T \phi(s^*)$ im Widerspruch zu (1.19).

    Umgekehrt gilt der

Satz 1.14: Sei die Menge $\phi(S) - I\!\!R_+^n$ konvex.

Behauptung: Ist $s^* \in S$ ein schwaches Pareto-Optimum, so gibt es einen Vektor $\lambda \in I\!\!R_+^n$ mit $\lambda \neq \theta_n$, für den (1.19) erfüllt ist.

Beweis: Da $s^* \in S$ ein schwaches Pareto-Optimum ist, folgt:

$$(\phi(s^*) + \overset{\circ}{I\!\!R}{}_+^n) \cap (\phi(S) - I\!\!R_+^n) = \phi.$$

Der Rest des Beweises verläuft wie im Beweis von Satz 1.12.

Kapitel 2

Kooperative Spiele

2.1   Definition und Lösungskonzepte

Definition: Ein kooperatives n-Personen-Spiel ist ein geordnetes Paar (N, v), wobei N eine Menge aus n Elementen und $v : 2^N \to I\!R$ eine reellwertige Funktion auf der Potenzmenge 2^N ist mit $v(\phi) = 0$.

Interpretation: Die Menge N besteht aus n Spielern oder Akteuren. Ist $K \subseteq N$ eine Teilmenge von N, so ist $v(K)$ die Auszahlung an die Spieler, die sich in einer Koalition K zusammentun. Die Menge N ist die große Koalition. Wir denken uns die Spieler durchnumeriert und setzen $N = \{1, \ldots, n\}$.

Ein Beispiel: Gegeben sei ein nicht-kooperatives n-Personen-Spiel mit den Strategiemengen $S_1, \ldots, S_n$ und reellwertigen Auszahlungsfunktionen $\phi_1, \ldots, \phi_n$ auf $S = S_1 \times \cdots \times S_n$.

Für jedes $K \subseteq N$, $K \neq \phi$ definieren wir

$$\phi_K(S) = \sum_{i \in K} \phi_i(s) \quad \text{für alle} \quad s \in S$$

und damit

$$v(K) = \sup_{s \in S} \phi_k(s).$$

Annahme: $v(K) < \infty$ für alle $K \subseteq N$, $K \neq \phi$.

Setzt man dann noch $v(\phi) = 0$, so ist $v : 2^N \to I\!R$ die Auszahlungsfunktion eines kooperativen n-Personen-Spiels.

Nimmt man an, daß gilt

$$\phi_i(s) \geq 0 \quad \text{für alle } s \in S \text{ und alle } i \in I\!N, \tag{$*$}$$

so folgt

$$v(K) \leq v(L) \quad \text{für alle } K \subseteq L \subseteq N.$$

Ein solches Spiel nennt man auch monoton.

In dem Beispiel gilt unter der Annahme $(*)$ insbesondere

$$v(N) \geq v(K) \quad \text{für alle } K \subseteq N :$$

Daraus ergibt sich für die Spieler ein Anreiz, eine große Koalition zu bilden, wenn die dabei erzielte Auszahlung $v(N)$ eine Aufteilung $\{x_1, \ldots, x_n\}$ mit $\sum_{i=1}^{n} x_i = v(N)$ zuläßt mit

$$x_i \geq v(\{i\}) \quad \text{für alle } i \in I\!N,$$

so daß jeder Spieler dabei mindestens soviel gewinnt, wie wenn er alleine spielen würde.

Notwendig und hinreichend dafür ist die Bedingung

$$v(N) \geq \sum_{i \in N} v(\{i\}).$$

In dem obigen Beispiel gilt für alle $K \subseteq N$, $K \neq \phi$ die Aussage

$$v(K) \leq \sum_{i \in K} v(\{i\}),$$

insbesondere also

$$v(N) \leq \sum_{i \in N} v(\{i\}).$$

Unter der Annahme $(*)^1$ ist ein Anreiz, eine große Koalition zu bilden, genau dann gegeben, wenn gilt

$$v(N) = \sum_{i \in N} v(\{i\}).$$

---

[1]Diese Annahme wird nicht gebraucht.

In diesem Fall macht aber kein Spieler einen höheren Gewinn, wenn er sich der großen Koalition anschließt. Das gleiche trifft aber auch für den Anschluß an eine beliebige Koalition zu.

Die kooperative Spieltheorie befaßt sich nun mit der Aufteilung des Gewinns $v(N)$ der großen Koalition derart, daß jeder Spieler dabei höchstens mehr erhält, als wenn er alleine spielen würde. Dazu wird die Menge $I(v)$ der sog. Imputationen definiert vermöge

$$I(v) = \{x \in I\!R^n \mid x_i \geq v(\{i\}) \text{ für alle } i \in N \text{ und } \sum_{i \in I\!N} x_i = v(N)\}.$$

Die verschiedenen Lösungskonzepte für kooperative n-Personen-Spiele bestehen nun darin, jeweils eine gewisse Teilmenge von $I(v)$ auszuzeichnen und zu untersuchen, ob diese nicht-leer ist.

Ein erstes Konzept geht auf John v. Neumann zurück und basiert auf der Idee der stabilen Mengen, die mit Hilfe des Begriffes der Dominanz beschrieben werden.

Dazu definieren wir: Eine Imputation $x \in I(v)$ *dominiert* $y \in I(v)$, wenn es eine Koalition $K \subseteq N$ gibt mit

$$x_i > y_i \text{ für alle } i \in K \text{ und } \sum_{j \in K} x_j \leq v(K). \qquad (**)$$

Die erste Bedingung besagt, daß alle Spieler in K die Imputation x der Imputation y vorziehen, während der zweite besagt, daß ihr Gewinn $v(K)$ bei Kooperation in K mindestens so groß ist wie ihre Totalauszahlung gemäß der Imputation x.

Durch die Bedingung $(**)$ werden die große Koalition und die Ein-Spieler-Koalitionen ausgeschlossen.

Definition: Eine Teilmenge $V \subseteq I(v)$ heißt *stabil*, wenn gilt

1) Kein $x \in V$ dominiert ein $y \in V$.

2) Für jedes $x \in I(v) \setminus V$ gibt es ein $y \in V$, das x dominiert.

Die Stabilität einer Teilmenge $V \subseteq I(v)$ kann auch noch anders definiert werden. Dazu definieren wir

$$\text{dom } V = \{x \in I(v) \mid \text{ Es gibt ein } y \in V, \text{ welches } x \text{ dominiert}\}.$$

Mit dieser Definition gilt die folgende Aussage:
Eine Teilmenge $V \subseteq I(v)$ ist genau dann stabil, wenn gilt

$$V \cap dom V = \phi \ \ \text{und} \ \ V \cup dom V = I(v).$$

Beweis = Übung.
Als nächstes betrachten wir ein anderes Lösungskonzept, nämlich

2.2 Der Core eines n-Personen-Spieles

2.2.1 Definition und Bedingungen für das Nichtleer-Sein

Definition: Eine Teilmenge $C(v) \subseteq I(v)$ heißt Core des n-Personen-Spieles,
wenn gilt

$$C(v) = \{x \in I(v)| \sum_{i \in K} x_i \geq v(K) \ \ \text{für alle} \ \ K \subseteq N\}.$$

Interpretation: Der Core besteht aus allen Aufteilungen des Gewinns $v(N)$
der großen Koalition N derart, daß für jede andere Koalition der Anteil dieser
Aufteilung mindestens so groß ist wie der Gewinn dieser Koalition. Für keinen
Spieler besteht also ein Anreiz, von der großen Koalition abzuweichen und
sich einer anderen Koalition zuzuwenden, denn jede solche gewährleistet ihm
einen höchstens kleineren Gewinn.
  Zunächst beweisen wir den folgenden

Satz 2.1:

1) Ist $x \in C(v)$, so gibt es kein $y \in I(v)$, das x dominiert.

2) Ist das Spiel superadditiv, d.h. gilt

$$v(K) + v(L) \leq v(K \cup L) \ \ \text{für alle} \ \ L, K \subseteq N \ \ \text{mit} \ \ K \cap L = \phi,$$

so ist

$$C(v) = \{x \in I(v)| \text{ es gibt kein } y \in I(v), \text{ das } x \text{ dominiert }\}.$$

Beweis:

1) Sei $x \in C(v)$. Angenommen, es gebe ein $y \in I(v)$, welches x dominiert. Dann gäbe es eine Koalition $K \subseteq N$, $K \neq \phi$, mit $\sum\limits_{i \in K} x_i < \sum\limits_{i \in K} y_i \leq v(K)$, mithin $\sum\limits_{i \in K} x_i < v(K)$, ein Widerspruch zu $x \in C(v)$.

2) Sei $x \in I(v) \setminus C(v)$. Wir zeigen, daß ein $y \in I(v)$ existiert, das x dominiert. Da $x \in I(v) \setminus C(v)$ ist, gibt es ein $K \subseteq N$ mit $K \neq N, \phi$ und $\sum\limits_{i \in K} x_i < v(K)$. Wir setzen

$$\alpha = v(K) - \sum\limits_{i \in K} x_i \quad \text{und} \quad \beta = v(N) - v(K) - \sum\limits_{j \in N \setminus K} v(\{j\}).$$

Damit definieren wir den Vektor $y \in I\!R^n$ durch

$$y_i = x_i + |K|^{-1}\alpha, \quad \text{falls } i \in K, \text{ und}$$

$$y_i = v(\{i\}) + |N \setminus K|^{-1}\beta, \quad \text{falls } i \in N \setminus K.$$

Dann folgt $\sum\limits_{i \in N} y_i = v(N)$, $\sum\limits_{i \in K} y_i = v(K)$ und $y_i > x_i$ für alle $i \in K$ wegen $\alpha > 0$. Auf Grund der Superadditivität ist $\beta \geq 0$. Weiter folgt aus $x \in I(v)$ und $\beta \geq 0$, daß gilt

$$y_i \geq v(\{i\}) \quad \text{für alle } i \in N.$$

Damit ist $y \in I(v)$, und y dominiert x. Die Behauptung 2) ergibt sich somit direkt aus 1).

Korollar: Sei V eine stabile Menge.

1) Dann folgt $C(v) \subseteq V$.

2) Ist $C(v)$ stabil, so ist $V = C(v)$.

Beweis:

1) Wir nehmen an, $C(v) \subseteq V$ sei nicht wahr. Dann gibt es ein $x \in C(v) \setminus V$. Da V stabil ist, gibt es ein $y \in V$, das x dominiert. Das ist aber nach Satz 2.1, 1) nicht möglich. Daher gilt $C(v) \subseteq V$.

2) Sei $C(v)$ stabil. Nach 1) ist $C(v) \subseteq V$. Annahme: $C(v) \neq V$. Dann gibt es ein $x \in V \setminus C(v)$. Da $C(v)$ stabil ist, gibt es ein $y \in C(v)$, das x dominiert. Damit haben wir ein $y \in C(v) \subseteq V$, das ein $x \in V$ dominiert, ein Widerspruch zur Stabilität von V. Mithin ist $C(v) = V$.

Nach 1) enthält also jede stabile Menge den Core, und nach 2) ist der Core die einzige stabile Menge, wenn er stabil ist.

Wir wenden uns jetzt der Frage zu, unter welchen Bedingungen der Core eines n-Personen-Spiels nichtleer ist. Wir wollen zunächst notwendige Bedingungen dafür angeben, daß der Core nichtleer ist. Dazu bezeichnen wir mit K_r^i für $i = 1, \ldots, \binom{n}{r}$ die $\binom{n}{r}$ Teilmengen von N mit r Elementen. Der Core $C(v)$ besteht dann aus allen Vektoren $x \in I\!R^n$ mit

$$\sum_{k \in K_r^i} x_k \geq v(K_r^i), \ i = 1, \ldots, \binom{n}{r},$$
$$\text{für } r = 1, \ldots, n-1 \tag{2.1}$$

und

$$\sum_{k=1}^{n} x_k = v(N). \tag{2.2}$$

Aus den Ungleichungen (2.1) folgt

$$\frac{r}{n} \binom{n}{r} \sum_{k=1}^{n} x_k \geq \sum_{i=1}^{\binom{n}{r}} v(K_r^i) \text{ für alle } r = 1, \ldots, n-1.$$

Mit (2.2) folgt daher

$$\frac{r}{n} v(N) \geq \frac{1}{\binom{n}{r}} \sum_{i=1}^{\binom{n}{r}} v(K_r^i) \ \text{ für } \ r = 1, \ldots, n-1 \tag{2.3}$$

als notwendige Bedingung dafür, daß der Core nichtleer ist.

Speziell für $n = 3$ ergeben sich die Bedingungen

$$v(N) \geq \sum_{i=1}^{3} v(K_1^i) \text{ und } 2v(N) \geq \sum_{i=1}^{3} v(K_2^i). \tag{2.4}$$

Nun denken wir uns die Mengen K_r^i für $i = 1, \ldots, \binom{n}{r}$ und $r = 1, \ldots, n - 1$ so numeriert, daß gilt

$$K_r^i \cap K_{n-r}^{\binom{n}{r}-i+1} = \phi.$$

Dann folgt aus (2.1)

$$v(N) \geq v(K_r^i) + v(K_{n-r}^{\binom{n}{r}-i+1}), \; i = 1, \ldots, \binom{n}{r},$$
$$\text{für } \; r = 1, \ldots, n - 1 \tag{2.5}$$

als weitere notwendige Bedingung dafür, daß der Core nichtleer ist.

Speziell für $n = 3$ ergibt sich

$$v(N) \geq v(K_1^1) + v(K_2^3), \; v(N) \geq v(K_1^2)$$
$$+v(K_2^2), \; v(N) \geq v(K_1^3) + v(K_2^1). \tag{2.6}$$

Als nächstes wollen wir hinreichende Bedingungen dafür angeben, daß der Core nichtleer ist. Dazu verwenden wir die Theorie der linearen Ungleichungen (vgl. Abschnitt 5.1). Zu dem Zweck numerieren wir die $2^n - 1$ nichtleeren Teilmengen K_i, $i = 1, \ldots, 2^n - 1$, von N so, daß gilt

$$|K_i| \leq |K_{i+1}| \; \text{für} \; i = 1, \ldots, 2^n - 2.$$

Dann ist insbesondere $K_{2^n-1} = N$.

Weiter definieren wir eine $(2^n - 1) \times n$-Matrix $A = (a_{ik})$ vermöge

$$a_{ik} = \begin{cases} 0, & \text{wenn } k \notin K_i \text{ ist,} \\ 1, & \text{wenn } k \in K_i \text{ ist.} \end{cases}$$

Damit läßt sich das Ungleichungssystem (2.1) umschreiben in

$$\sum_{k=1}^{n} a_{ik} x_k \geq v(K_i) \; \text{für} \; i = 1, \ldots, 2^n - 1. \tag{2.7}$$

Die Gleichung (2.2) ersetzen wir durch die beiden Ungleichungen

$$\left. \begin{array}{c} \sum_{k=1}^{n} x_k \geq v(N), \\ \sum_{k=1}^{n} (-x_k) \geq v(N). \end{array} \right\} \tag{2.8}$$

Dem System (2.7), (2.8) stellen wir als duales System das folgende gegenüber:

$$\left. \begin{array}{c} \displaystyle\sum_{i=1}^{2^n} a_{ik}\, y_i \le 0 \ \ \text{für} \ \ k = 1, \ldots, n \\[2mm] \displaystyle\sum_{i=1}^{2^n} v(K_i)\, y_i > 0, \\[2mm] y_i \ge 0 \ \ \text{für} \ \ i = 1, \ldots, 2^n - 1, \ y_{2^n} \in I\!\!R, \end{array} \right\} \tag{2.9}$$

wobei $a_{2^n k} = 1$ ist für $k = 1, \ldots, n$.

Nach Satz 5.2 hat das System (2.7), (2.8) genau dann eine Lösung $x \in I\!\!R_+^n$, wenn das System (2.9) unlösbar ist, d.h. wenn für jedes $y \in I\!\!R^{2^n}$ mit

$$\left. \begin{array}{c} \displaystyle\sum_{i=1}^{2^n} a_{ik}\, y_i \le 0, \ \ k = 1, \ldots, n, \\[2mm] y_i \ge 0 \ \ \text{für} \ \ i = 1, \ldots, 2^n - 1, \end{array} \right\} \tag{2.10}$$

folgt, daß

$$\sum_{i=1}^{2^n} v(K_i)\, y_i \le 0 \tag{2.11}$$

erfüllt ist.

Die Ungleichungen (2.10) sind gleichbedeutend mit

$$\sum_{i=1}^{2^n-1} a_{ik}\, y_i + y_{2^n} \le 0 \ \ \text{für} \ \ k = 1, \ldots, n, \ y_i \ge 0 \ \text{für} \ i = 1, \ldots, 2^n - 1.$$

Addiert man diese Ungleichungen, so erhält man

$$\sum_{i=1}^{\binom{n}{1}} y_i + 2 \sum_{i=\binom{n}{1}+1}^{\binom{n}{1}+\binom{n}{2}} y_i + \cdots + (n-1) \sum_{i=\binom{n}{1}+\cdots+\binom{n}{n-1}+1}^{\binom{n}{1}+\cdots+\binom{n}{n}} y_i + n\, y_{2^n} \le 0,$$

woraus folgt

$$y_{2^n} \le -\frac{1}{n} \sum_{i=1}^{\binom{n}{1}} y_i - \frac{2}{n} \sum_{i=\binom{n}{1}+1}^{\binom{n}{1}+\binom{n}{2}} y_i - \cdots - \frac{n-1}{n} \sum_{i=\binom{n}{1}+\cdots+\binom{n}{n-1}+1}^{\binom{n}{1}+\cdots+\binom{n}{n}} y_i.$$

Das führt zu der Ungleichung

$$\sum_{i=1}^{2^n} v(K_i)\, y_i \leq \sum_{i=1}^{\binom{n}{1}} \left(v(K_i) - \tfrac{1}{n}\, v(N)\right) y_i + \cdots +$$

$$\sum_{i=\binom{n}{1}+\cdots+\binom{n}{n-1}+1}^{\binom{n}{1}+\cdots+\binom{n}{n}} \left(v(K_i) - \tfrac{n-1}{n}\, v(N)\right) y_i.$$

Damit ist die Ungleichung (2.11) erfüllt, falls gilt

$$v(K_i) \;\leq\; \tfrac{1}{n}\, v(N) \quad \text{für} \quad i = 1,\ldots,\binom{n}{1},$$

$$\vdots$$

$$v(K_i) \;\leq\; \tfrac{n-1}{n}\, v(N) \quad \text{für} \quad i = \binom{n}{1} + \cdots + \binom{n}{n-1} + 1, \tag{2.12}$$

$$\ldots, \binom{n}{1} + \cdots + \binom{n}{n}.$$

Resultat: Die Bedingungen (2.12) sind hinreichend dafür, daß das System (2.7), (2.8) eine Lösung $x \in I\!\!R^n_+$ besitzt, woraus folgt, daß der Core nichtleer ist.

Mit Hilfe der Bedingungen (2.12) können wir sogar ein Element des Cores angeben. Dazu definieren wir:

$$x_k = \frac{1}{n}\, v(N) \quad \text{für} \quad k = 1,\ldots,n.$$

Dann folgt

$$\sum_{k \in K_r^i} x_k = \tfrac{r}{n}\, v(N) \geq v(K_r^i) \quad \text{für} \quad i = 1,\ldots,\binom{n}{r}$$

$$\text{für} \quad r = 1,\ldots,n-1$$

und

$$\sum_{k=1}^{n} x_k = v(N),$$

d.h. die Bedingungen (2.1), (2.2) sind erfüllt.

Speziell für $n = 3$ lauten die Bedingungen (2.12)

$$v(K_1^i) \leq \frac{1}{3}\, v(N) \quad \text{und} \quad v(K_2^i) \leq \frac{2}{3}\, v(N) \quad \text{für} \quad i = 1,2,3$$

und implizieren die notwendigen Bedingungen (2.4) und (2.6).

Als nächstes leiten wir eine allgemeine notwendige und hinreichende Bedingung dafür her, daß der Core nichtleer ist.

Dazu betrachten wir das lineare Optimierungsproblem, das darin besteht, die Summe $\sum_{i=1}^{n} x_i$ zu minimieren unter den Nebenbedingungen

$$\sum_{i \in K} x_i \geq v(K) \quad \text{für alle} \quad K \subseteq N, \, K \neq \phi. \qquad (2.13)$$

Diese Nebenbedingungen sind erfüllbar, und für jedes $x \in I\!\!R^n$ mit (2.13) gilt insbesondere

$$\sum_{i \in N} x_i \geq v(N).$$

Nach dem Existenzsatz der linearen Optimierung (vgl. Abschnitt 5.2) ist das Problem daher lösbar, und es gilt

$$\min\{\sum_{i \in N} x_i | \ x \in I\!\!R^n \text{ erfüllt } (2.13)\} \geq v(N).$$

Die Bedingung

$$\min\{\sum_{i \in N} x_i | \ x \in I\!\!R^n \text{ erfüllt } (2.13)\} = v(N) \qquad (2.14)$$

ist also notwendig und hinreichend dafür, daß der Core nichtleer ist. Das duale Problem (im Sinne der linearen Optimierung) lautet: Zu maximieren ist die Linearform $\sum_{K \in 2^N \setminus \{\phi\}} \gamma_K \, v(K)$ unter den Nebenbedingungen

$$\left. \begin{array}{c} \sum\limits_{K \in 2^N \setminus \{\phi\}} \gamma_K = 1 \quad \text{für} \quad i = 1, \ldots, n, \\[2mm] \gamma_K \geq 0, \ K \subseteq N, \ K \neq \phi. \end{array} \right\} \qquad (2.15)$$

Nach dem Dualitätssatz der linearen Optimierung (übrigens auch nach dem Existenzssatz und dem schwachen Dualitätssatz) ist auch das duale Problem lösbar, und es gilt

$$\max\{\sum_{K \in 2^N \setminus \{\phi\}} \gamma_K \, v(K) | \ (\gamma_K)_{k \in 2^N \setminus \{\phi\}} \text{ erfüllt } (2.15)\}$$

$$= \min\{\sum_{i=1}^{n} x_i | \ x \in I\!\!R^n \text{ erfüllt } (2.13)\} = v(N).$$

Die Bedingung (2.14) ist daher gleichbedeutend mit der Implikation

$$(\gamma_K)_{K \in 2^N \setminus \{\phi\}} \text{ erfüllt } (2.15) \;\Rightarrow\; \sum_{K \in 2^N \setminus \{\phi\}} \gamma_K \leq v(N). \qquad (2.16)$$

Diese Implikation ist damit ebenfalls notwendig und hinreichend dafür, daß der Core nichtleer ist.

n-Personen-Spiele, für die die Implikation (2.16) gilt, nennt man auch balanciert.

2.2.2 Der Fall eines 3-Personen-Spieles

Wir setzen $K_1^1 = \{1\}$, $K_1^2 = \{2\}$, $K_1^3 = \{3\}$, $K_2^1 = \{1,2\}$, $K_2^2 = \{1,3\}$, $K_2^3 = \{2,3\}$.

Dann lauten die Nebenbedingungen (2.1)

$$\left. \begin{array}{rcll} x_1 & & \geq & v(K_1^1), \\[4pt] & x_2 & \geq & v(K_1^2), \\[4pt] & \quad x_3 & \geq & v(K_1^3), \\[4pt] x_1 + x_2 & & \geq & v(K_2^1), \\[4pt] x_1 \quad + x_3 & & \geq & v(K_2^2), \\[4pt] x_2 + x_3 & & \geq & v(K_2^3). \end{array} \right\} \qquad (2.1')$$

Hinzu kommt die Bedingung

$$x_1 + x_2 + x_3 = v(N). \qquad (2.2')$$

Das duale Problem, aus dem sich die Implikation (2.16) herleitet, besteht in diesem Fall darin, die Linearform

$$\Sigma = v(K_1^1)\,\gamma_{K_1^1} + v(K_1^2)\,\gamma_{K_1^2} + v(K_1^3)\,\gamma_{K_1^3} + v(K_2^1)\,\gamma_{K_2^1}$$

$$+ v(K_2^2)\,\gamma_{K_2^2} + v(K_2^3)\,\gamma_{K_2^3} + v(N)\,\gamma_N$$

zu maximieren unter den Nebenbedingungen

$$\gamma_{K_1^1} + \gamma_{K_2^1} + \gamma_{K_2^2} + \gamma_N = 1,$$

$$\gamma_{K_2^1} + \gamma_{K_2^1} + \gamma_{K_2^3} + \gamma_N = 1,$$

$$\gamma_{K_1^3} + \gamma_{K_2^2} + \gamma_{K_2^3} + \gamma_N = 1,$$

$$\gamma_{K_r^i} \geq 0 \;\text{ für } i = 1,2,3,\; r = 1,2 \text{ und } \gamma_N \geq 0.$$

Dieses Problem kann mit der Simplex-Methode direkt gelöst werden, ohne daß Schlupfvariable eingeführt werden müssen.

Das Ausgangstableau lautet:

		$-\gamma_{K_2^1}$	$-\gamma_{K_2^2}$	$-\gamma_{K_2^3}$	$-\gamma_N$
$\gamma_{K_1^1}$	1	1	1	0	1
$\gamma_{K_1^2}$	1	1	0	1	1
$\gamma_{K_1^3}$	1	0	1	1	1
$\sum$	$v(K_1^1)$ $+v(K_1^2)$ $+v(K_1^3)$	$v(K_1^1)+v(K_1^2)$ $-v(K_2^1)$	$v(K_1^1)+v(K_1^3)$ $-v(K_2^2)$	$v(K_1^2)+v(K_1^3)$ $-v(K_2^3)$	$v(K_1^1)+v(K_1^2)+v(K_1^3)$ $-v(N)$

Die Ausgangsbasislösung lautet:

$$\gamma_{K_1^i} = 1 \ \text{ für } \ i = 1, 2, 3, \ \gamma_{K_2^i} = 0 \ \text{ für } \ i = 1, 2, 3, \gamma_N = 0,$$

und es ist

$$\sum = v(K_1^1) + v(K_1^2) + v(K_1^3) \leq v(N).$$

Wir nehmen an, daß die Bedingungen (2.4), (2.6) als notwendige Bedingungen für das Nichtleer-Sein des Cores erfüllt sind.

Gilt dann

$$v(K_1^1) + v(K_1^2) + v(K_1^3) = v(N)$$

und setzt man

$$x_1 = v(K_1^1), \ \ x_2 = v(K_1^2), \ \ x_3 = v(K_1^3),$$

so sind die Bedingungen (2.1'), (2.2') erfüllt, und der Core besteht genau aus diesem Punkt. Wir nehmen für das folgende an, daß gilt

$$v(K_1^1) + v(K_1^2) + v(K_1^3) < v(N). \tag{2.17}$$

Dann vertauschen wir mit einem Simplexschritt γ_N mit $\gamma_{K_1^1}$ und erhalten das folgende Tableau:

		$\gamma_{K_2^1}$	$\gamma_{K_2^2}$	$\gamma_{K_2^3}$	$\gamma_{K_1^1}$
γ_N	1	1	1	0	1
$\gamma_{K_1^2}$	0	0	-1	1	-1
$\gamma_{K_1^3}$	0	-1	0	1	-1
Σ	$v(N)$	$v(N)-v(K_1^3)$ $\underbrace{-v(K_2^1)}_{\geq 0}$	$v(N)-v(K_1^2)$ $\underbrace{-v(K_2^2)}_{\geq 0}$	$v(K_1^2)+v(K_1^3)$ $-v(K_2^3)$	$v(N)$ $\underbrace{-v(K_1^1)-v(K_1^2)-v(K_1^3)}_{>0}$

Ist

$$v(K_1^2) + v(K_1^3) \geq v(K_2^3), \qquad\qquad (2.18)$$

so setzen wir

$$x_1 = v(N) - v(K_1^2) - v(K_1^3)$$

$$x_2 = v(K_1^2), \quad x_3 = v(K_1^3)$$

und erhalten damit eine Lösung von (2.1$'$), (2.2$'$).

Ist $v(K_1^2) + v(K_1^3) < v(K_2^3)$, so vertauschen wir $\gamma_{K_2^3}$ mit $\gamma_{K_1^2}$ und erhalten das folgende Tableau:

		$\gamma_{K_2^1}$	$\gamma_{K_2^2}$	$\gamma_{K_1^2}$	$\gamma_{K_1^1}$
γ_N	1	1	1	0	1
$\gamma_{K_2^3}$	0	0	-1	1	-1
$\gamma_{K_1^3}$	0	-1	1	-1	0
Σ	$v(N)$	$v(N)-v(K_1^3)$ $\underbrace{-v(K_2^1)}_{\geq 0}$	$v(N)+v(K_1^3)-v(K_2^2)$ $-v(K_2^3)$	$v(K_2^3)$ $\underbrace{-v(K_1^2)-v(K_1^3)}_{>0}$	$v(N)-v(K_1^1)$ $\underbrace{-v(K_2^3)}_{\geq 0}$

Ist $v(N) + v(K_1^3) - v(K_2^2) - v(K_2^3) \geq 0$, so setzen wir

$$x_1 = v(N) - v(K_2^3), \quad x_2 = v(K_2^3) - v(K_1^3), \quad x_3 = v(K_1^3)$$

und erhalten damit eine Lösung von (2.1$'$), (2.2$'$).

Ist $v(N) + v(K_1^3) - v(K_2^2) - v(K_2^3) < 0$, so vertauschen wir $\gamma_{K_2^2}$ mit $\gamma_{K_1^3}$ und erhalten das folgende Tableau:

		$-\gamma_{K_2^1}$	$-\gamma_{K_1^3}$	$-\gamma_{K_1^2}$	$-\gamma_{K_1^1}$
γ_N	1	2	-1	1	1
$\gamma_{K_2^3}$	0	-1	1	0	-1
$\gamma_{K_2^2}$	0	-1	1	-1	0
$\sum$	$v(N)$	$2v(N)-v(K_2^1)$ $\underbrace{-v(K_2^2)-v(K_2^3)}_{\geq 0}$	$-v(N)-v(K_1^3)$ $+v(K_2^2)+v(K_2^3)$	$v(N)-v(K_2^2)$ $\underbrace{-v(K_1^2)-v(K_1^3)}_{\geq 0}$	$v(N)-v(K_2^3)$ $\underbrace{-v(K_1^1)}_{\geq 0}$

Ist $-v(N) - v(K_1^3) + v(K_2^2) + v(K_2^3) \geq 0$, so setzen wir

$$x_1 = v(N) - v(K_2^3),$$

$$x_2 = v(N) - v(K_2^2),$$

$$x_3 = v(K_2^2) + v(K_2^3) - v(N),$$

und erhalten eine Lösung von $(2.1')$, $(2.2')$.

Vertauscht man im Ausgangstableau γ_N mit $\gamma_{K_1^2}$, so erhält man das folgende Tableau:

		$-\gamma_{K_2^1}$	$-\gamma_{K_2^2}$	$-\gamma_{K_2^3}$	$-\gamma_{K_1^2}$
$\gamma_{K_1^1}$	0	0	1	-1	-1
γ_N	1	1	0	1	1
$\gamma_{K_1^3}$	0	-1	1	0	-1
$\sum$	$v(N)$	$v(N)-v(K_1^3)$ $\underbrace{-v(K_2^1)}_{\geq 0}$	$v(K_1^1)+v(K_1^3)$ $-v(K_2^2)$	$v(N)-v(K_1^1)$ $\underbrace{-v(K_2^3)}_{\geq 0}$	$v(N)$ $\underbrace{-v(K_1^1)-v(K_1^2)-v(K_1^3)}_{> 0}$

Annahme:

$$v(K_1^1) + v(K_1^3) \geq v(K_2^2). \tag{2.19}$$

Setze

$$x_1 = v(K_1^1), \quad x_2 = v(N) - v(K_1^1) - v(K_1^3) > v(K_1^2), \quad x_3 = v(K_1^3).$$

Dann folgt

$$x_1 + x_2 = v(N) - v(K_1^3) \geq v(K_2^1),$$

$$x_1 + x_3 = v(K_1^1) + v(K_1^3) \geq v(K_2^2),$$

$$x_2 + x_3 = v(N) - v(K_1^1) \geq v(K_2^3),$$

d.h., die Bedingungen (2.1′), (2.2′) sind erfüllt.

Analog zeigt man, daß man unter der Annahme

$$v(K_1^1) + v(K_1^2) \geq v(K_2^1). \qquad (2.20)$$

ebenfalls eine Lösung von (2.1′), (2.2′) erhält, wenn man

$$x_1 = v(K_1^1), \ x_2 = v(K_1^2), \ x_3 = v(N) - v(K_1^1) - v(K_1^2) > v(K_1^3)$$

setzt. Unter den notwendigen Bedingungen (2.4), (2.6) mit der Verschärfung (2.17) und dén Bedingungen (2.18), (2.19), (2.20) erhalten wir also die drei Lösungen

$$x_1 = v(N) - v(K_1^2) - v(K_1^3), \ x_2 = v(K_1^2), \ x_3 = v(K_1^3);$$

$$x_1 = v(K_1^1), \ x_2 = v(N) - v(K_1^1) - v(K_1^3), \ x_3 = v(K_1^3);$$

$$x_1 = v(K_1^1), \ x_2 = v(K_1^2), \ x_3 = v(N) - v(K_1^1) - v(K_1^2)$$

von (2.1′), (2.2′), und der gesamte Core besteht aus allen Konvexkombinationen dieser drei Lösungen.

2.2.3 Berechnung von Core-Elementen im allgemeinen Fall

Wir denken uns wiederum die $2^n - 1$ nicht-leeren Teilmengen $K_i, i = 1, \ldots, 2^n - 1$ von N so durchnumeriert, daß gilt

$$|K_i| \leq |K_{i+1}| \quad \text{für} \quad i = 1, \ldots, 2^n - 2.$$

Dann lauten die Nebenbedingungen (2.1)

$$\sum_{k \in K_i} x_k \geq v(K_i) \quad \text{für} \quad i = 1, 2, \ldots, 2^n - 2.$$

Aus der Bedingung (2.2) ergibt sich damit notwendig

$$v(K_{2^n-1}) = \sum_{k \in K_i} x_k + \sum_{k \notin K_i} x_k \geq v(K_i) + \sum_{k \notin K_i} x_k, \quad \text{mithin}$$

$$v(K_{2^n-1}) \geq v(K_i) + \sum_{k \notin K_i} v(K_k) \quad \text{für} \quad i = 1, \ldots, 2^n - 2 \qquad (2.21)$$

als Bedingung dafür, daß der Core nichtleer ist.

Für das Folgende setzen wir diese Bedingung voraus.

Das duale Problem, aus dem sich die Implikation (2.16) herleitet, kann auch in diesem Fall mit der Simplex-Methode direkt gelöst werden, ohne daß Schlupfvariable eingeführt werden müssen.

Das Ausgangstableau lautet:

		$-\gamma_{n+1}$	$\cdots$	$-\gamma_i$	$\cdots$		γ_{2^n-1}
γ_1	1			$\vdots$			1
$\vdots$	$\vdots$			$\vdots$			$\vdots$
γ_k	1	$\cdots$	$\cdots$	a_{ki}	$\cdots$	$\cdots$	1
$\vdots$	$\vdots$			$\vdots$			$\vdots$
γ_n	1			$\vdots$			1
$\sum$	$\sum_{i=1}^{n} v(K_i)$	b_{n+1}	$\cdots$	b_i	$\cdots$	$-v(K_{2^n-1})$	$+\sum_{k=1}^{n} v(K_k)$

wobei

$$b_i = -v(K_i) + \sum_{k=1}^{n} a_{ki}\, v(K_k) \quad \text{für} \quad i = n+1, \ldots, 2^n - 2.$$

Die Ausgangsbasislösung lautet:

$$\gamma_k = 1 \ \text{für} \ k = 1, \ldots, n \ \text{und} \ \gamma_i = 0 \ \text{für} \ i = n+1, \ldots, 2^n - 1,$$

und es ist

$$\sum = \sum_{i=1}^{n} v(K_i) \leq v(K_{2^n-1}).$$

Gilt

$$\sum_{i=1}^{n} v(K_i) = v(K_{2^n-1}),$$

so setzen wir

$$x_k = v(K_k) \quad \text{für} \quad k = 1, \ldots, n$$

und erhalten mit (2.21)

$$\sum_{k\in K_i} x_k = v(K_{2^n-1}) - \sum_{k\notin K_i} v(K_k) \geq v(K_i)$$
$$\text{für } i = 1,\ldots,2^n - 2.$$

Der Vektor $(v(K_1),\ldots,v(K_n))^T$ ist also ein Element des Core und sogar das einzige. Ist

$$\sum_{i=1}^{n} v(K_i) < v(K_{2^n-1}),$$

so vertauschen wir mit einem Simplexschritt γ_{2^n-1} mit γ_k für ein $k \in \{1,\ldots,n\}$ und erhalten das folgende Tableau:

		$-\gamma_{n+1}$	$-\gamma_i$	$-\gamma_{2^n-2}$		$-\gamma_k$
γ_1	0		$\vdots$			-1
$\vdots$	$\vdots$		$\vdots$			$\vdots$
	0		$\vdots$			-1
γ_{2^n-1}	1	$\cdots$ $\cdots$	a_{ki}	$\cdots$	$\cdots$	1
$\vdots$	0					-1
$\vdots$	$\vdots$		$\vdots$			
γ_j	$\vdots$		$a_{ji} - a_{ki}$			$\vdots$
$\vdots$	$\vdots$					
γ_n	0		$\vdots$			-1
$\sum$	$v(K_{2^n-1})$	b^1_{n+1}	b^1_i	b_{2^n-1}	$\sum_{j=1}^{n} v(K_j)$	$-v(K_{2^n-1})$

wobei

$$\begin{aligned}
b^1_i &= -v(K_i) + \sum_{j=1}^{n} a_{ji}\, v(K_j) + a_{ki}\Big(v(K_{2^n-1}) - \sum_{j=1}^{n} v(K_j)\Big)\\
&= \sum_{j=1}^{n} (a_{ji} - a_{ki})\, v(K_j) - v(K_i) - a_{ki}\, v(K_{2^n-1})\\
&= \begin{cases} -\displaystyle\sum_{j\notin K_i} v(K_j) - v(K_i) + v(K_{2^n-1}) \geq 0, & \text{falls } k \in K_i,\\[2ex] \displaystyle\sum_{j\in K_i} v(K_j) - v(K_i), & \text{falls } k \notin K_i, \end{cases}
\end{aligned}$$
$$\text{für } i = 1, 2, \ldots, 2^n - 2.$$

Ist

$$\sum_{j \in K_i} v(K_j) - v(K_i) \geq 0 \quad \text{für alle } i \in \{1, \ldots, 2^n - 2\} \text{ mit } k \notin K_i,$$

so setzen wir

$$x_j = v(K_j) \quad \text{für alle } j = 1, \ldots, n, \ j \neq k$$

und

$$x_k = v(K_{2^n-1}) - \sum_{j=1}^{n} v(K_j).$$

$$(2.22)$$

Damit erhalten wir

$$\sum_{j \in K_i} x_j = \sum_{j \in K_i} v(K_j) \geq v(K_i) \quad \text{für alle } i \in \{1, \ldots, 2^n - 2\} \text{ mit } k \notin K_i$$

und

$$\sum_{j \in K_i} x_j = v(K_{2^n-1}) - \sum_{j \notin K_i} v(K_j) \geq v(K_i)$$
$$\text{für alle } i \in \{1, \ldots, 2^n - 2\} \text{ mit } k \in K_i.$$

Für jedes $k = 1, \ldots, n$ ist also der durch (2.22) definierte Vektor im Core, und damit besteht der Core aus der konvexen Hülle dieser Vektoren.

2.2.4   Der Core eines Produktionsspieles

Wir betrachten ein lineares Produktionsspiel mit n Spielern. Jeder Spieler hat dabei einen Vektor $b^i = (b_1^i, b_2^i, \ldots, b_m^i)$, $i = 1, \ldots, n$, von Ressourcen $b_k^i > 0$, $k = 1, \ldots, m$, zu seiner Verfügung, die er einsetzen kann, um damit Güter zu produzieren, die zu einem gegebenen Marktpreis verkauft werden können.

Wir nehmen an, daß eine Einheit des j-ten Gutes ($j = 1, \ldots, p$) $a_{kj} \geq 0$ Einheiten der k-ten Ressource ($k = 1, \ldots, m$) erfordert und zum Preis $c_j > 0$ verkauft werden kann.

Sei $S \subseteq N = \{1, \ldots, n\}$, $S \neq \phi$, eine Koalition. Diese Koalition hat dann insgesamt

$$b_k(S) = \sum_{i \in S} b_k^i$$

Einheiten der k-ten Ressource zur Verfügung. Indem sie alle ihre Ressourcen nutzen, können die Mitglieder von S Vektoren $(x_1, x_2, \ldots, x_p)$ von Gütern produzieren, die die Bedingungen

$$\sum_{j=1}^{p} a_{kj}\, x_j \le b_k(S) \quad \text{für} \quad k = 1, \ldots, m$$
$$x_j \ge 0 \quad \text{für} \quad j = 1, \ldots, p \tag{2.23}$$

erfüllen. Unter diesen Bedingungen möchten sie ihren Profit

$$\sum_{j=1}^{p} c_j\, x_j$$

maximieren. Wir nehmen an, daß für jedes $k \in \{1, \ldots, m\}$ mindestens ein $j \in \{1, \ldots, p\}$ existiert derart, daß $a_{kj} > 0$ ist. Dann gibt es ein $x \in I\!R^p$ mit (2.23).

Das duale Problem besteht darin, die Linearform

$$\sum_{k=1}^{m} b_k(S)\, y_k$$

unter den Nebenbedingungen

$$\sum_{k=1}^{m} a_{kj}\, y_k \ge c_j, \quad j = 1, \ldots, p,$$
$$y_1 \ge 0, \ldots, y_m \ge 0, \tag{2.24}$$

zum Minimum zu machen.

Unter der obigen Annahme gibt es ein $y \in I\!R^m$ mit (2.24). Nach Satz 5.6 sind beide Probleme lösbar, und es gilt

$$\max\{\sum_{j=1}^{p} c_j\, x_j \mid x \in I\!R^p \text{ erfüllt } (2.23)\}$$
$$= \min\{\sum_{k=1}^{m} b_k(S)\, y_k \mid y \in I\!R^p \text{ erfüllt } (2.24)\}.$$

Setzt man

$$v(S) = \max\{\sum_{j=1}^{p} c_j\, x_j \mid x \in I\!R^p \text{ erfüllt } (2.23)\} \text{ für } S \subseteq N,\ S \ne \phi,$$

und

$$v(\phi) = 0,$$

so ist $v : 2^N \to I\!R_+$ die Auszahlungsfunktion eines n-Personen-Spiels. Nun sei $y_1(S), \ldots, y_n(S)$ eine Lösung des dualen Problems. Dann folgt für $S = N$

$$v(N) = \sum_{k=1}^{n} b_k(N)\, y_k(N)$$

und für jedes $S \subseteq N$, $S \neq \phi$, N

$$v(S) \leq \sum_{k=1}^{m} b_k(S)\, y_k(N).$$

Nun definieren wir für jedes $i = 1, \ldots, n$

$$u_i = \sum_{k=1}^{m} b_k^i\, y_k(N).$$

Dann folgt für jedes $S \subseteq N$, $S \neq \phi$,

$$\sum_{i \in S} u_i = \sum_{i \in S} \sum_{k=1}^{m} b_k^i\, y_k(N) = \sum_{k=1}^{m} (\sum_{i \in S} b_k^i)\, y_k(N) = \sum_{k=1}^{m} b_k(S)\, y_k(N)$$

und daher

$$\sum_{i \in N} u_i = v(N)$$

sowie

$$\sum_{i \in S} u_i \geq v(S) \quad \text{für alle} \ \ S \subseteq N, \ S \neq \phi.$$

Damit ist $(u_1, \ldots, u_n)$ ein Element des Core.

2.2.5   Der Core eines konvexen Spieles

Definition: Ein kooperatives n-Personen-Spiel (N, v) heißt *konvex*, wenn gilt

$$v(K) + v(L) \leq v(K \cap L) + v(K \cup L) \quad \text{für alle} \ \ K, \ L \subseteq N. \qquad (2.25)$$

Satz 2.2: Das Spiel (N, v) ist genau dann konvex, wenn gilt

$$v(K \cup M) - v(K) \le v(L \cup M) - v(L) \qquad (2.26)$$

für alle K, L, $M \subseteq N$ mit $K \subseteq L \subseteq N \backslash M$, was gleichdedeutend ist mit

$$v(K \cup \{i\}) - v(K) \le v(L \cup \{i\}) - v(L) \qquad (2.27)$$

für alle K, L, $\{i\} \subseteq N$ mit $K \subseteq L \subseteq N \backslash \{i\}$.

Beweis:

1) Zunächst zeigen wir $(2.26) \Rightarrow (2.25)$.

   Setzt man $U = K \cup M$ und $V = L$, so ergibt sich aus (2.26)

   $$v(U) + v(V) \le v(U \cap V) + v(U \cup V) \qquad (2.28 \triangleq 2.25)$$

   wegen $K \subseteq L$ und $L \cap M = \phi$.

2) Als nächstes zeigen wir $(2.28) \Rightarrow (2.26)$.

   Dazu denken wir uns U, $V \subseteq N$ mit (2.28) vorgegeben. Dann setzen wir $L = V$ und wählen $M \subseteq N \backslash L$. Ferner definieren wir $K = U \backslash M$. Dann folgt $L \subseteq N \backslash M$ und $K \subseteq L$ sowie

   $$U = K \cup M, \; U \cap V = U \cap L = (K \cup M) \cap L = K$$
   $$(\text{wegen } L \cap M = \phi),$$
   $$U \cup V = K \cup M \cup L = L \cup M.$$

   Damit folgt aus (2.28)

   $$v(K \cup M) + v(L) \le v(K) + v(L \cup M),$$

   d.h. (2.26) ist erfüllt.

   Klar ist die Implikation $(2.26) \Rightarrow (2.27)$.

3) Schließlich zeigen wir (2.27) $\Rightarrow$ (2.26). Dazu nehmen wir an, daß $M = \{i, j, \dots, \ell\}$ ist und erhalten mit (2.27)

$$v(K \cup M) - v(K) = v(K \cup \{i\}) - v(K) + v(K \cup \{i\} \cup \{j\})$$
$$-v(K \cup \{i\}) + \dots$$
$$\dots + v(K \cup M) - v(K \cup (M \setminus \{\ell\}))$$
$$\leq v(L \cup \{i\}) - v(L) + v(L \cup \{i\} \cup \{j\})$$
$$-v(L \cup \{i\}) + \dots$$
$$\dots + v(L \cup M) - v(L \cup (M \setminus \{\ell\}))$$
$$= v(L \cup M) - v(L),$$

was die Implikation (2.27) $\Rightarrow$ (2.26) beweist.

Ein Beispiel: Gegeben sei eine konvexe Funktion $f : I\!R \to I\!R$ mit $f(0) = 0$. Die Konvexität von f ist gleichbedeutend mit

$$f(x + y) - f(x) \leq f(z + y) - f(z)$$
$$\text{für alle } x, y, z \in I\!R, \, x \leq z. \tag{2.29}$$

Weiter sei $m : 2^N \to I\!R_+$ additiv, d.h.

$$m(K \cup L) = m(K) + m(L), \quad \text{falls } K \cap L = \phi;$$

dann folgt notwendig $m(\phi) = 0$ und $m(K) \geq 0$ für alle $K \subseteq M$. Definiert man

$$v(K) = (f \circ m)(K) \quad \text{für alle } K \subseteq N,$$

so ist $v : 2^N \to I\!R$ mit $v(\phi) = 0$.

Behauptung: Das Spiel (N, v) ist konvex.

Beweis: Gegeben seien K, L, $M \subseteq N$ mit $K \subseteq L \subseteq N\backslash M$; dann folgt

$$
\begin{aligned}
v(K \cup M) - v(K) &= f(m(K \cup M)) - f(m(K)) \\
&= f(m(K) + m(M)) - f(m(K)) \quad (\text{wegen } K \cap M = \phi) \\
&\leq f(m(L) + m(M)) - f(m(L)) \quad (\text{nach } (2.29)) \\
&= f(m(L \cup M)) - f(m(L)) \quad (\text{wegen } L \cap M = \phi) \\
&= v(L \cup M) - v(L).
\end{aligned}
$$

nach Satz 2.2 ist daher das Spiel (N, v) konvex.

Satz 2.3: Jedes konvexe Spiel (N, v) hat einen nichtleeren Core.

Beweis (durch Induktion nach n): Für $n = 1$ ist die Behauptung wahr. Sei $n > 1$, und sei $N_0 \subseteq N$ mit $|N_0| = n - 1$. Dann definieren wir

$$v^0(K) = v(N_0 \cap K) \quad \text{für} \quad K \subseteq N$$

und erhalten ein konvexes Spiel (N_0, v^0). Nach Induktionsannahme ist der Core $C(v^0)$ nichtleer. Sei $x^0 \in C(v^0)$. Dann setzen wir

$$x_i = x^0 \text{ für } i \in N_0 \text{ und } x_{i_0} = v(N) - v(N_0) \text{ für } i_0 \notin N_0. \qquad (2.30)$$

Damit erhalten wir

$$\sum_{i \in N} x_i = \sum_{i \in N_0} x_i + x_{i_0} = v(N_0) + v(N) - v(N_0) = v(N).$$

Nun sei $K \subseteq N_0$; dann ist

$$\sum_{i \in K} x_i = \sum_{i \in K} x_i^0 \geq v^0(K) = v(K).$$

Ist $K \not\subseteq N_0$, so ist

$$
\begin{aligned}
\sum_{i \in K} x_i &= \sum_{i \in K \cap N_0} x_i + x_{i_0} \geq v(K \cap N_0) + v(N) - v(N_0) \\
&= v(K\backslash\{i_0\}) + v(N) - v(N\backslash\{i_0\} \geq v(K). \quad (\text{nach } (2.27))
\end{aligned}
$$

Damit ist $x \in I\!\!R^n$, definiert durch (2.30), ein Element des Core von (N, v).

Die Idee des Beweises ist ganz offenkundig: Um ein Element des Core $C(v)$ zu konstruieren, gibt man sich ein Element $x^0 \in I\!\!R^{n-1}$ des Core $C(v^0)$ vor und definiert dazu eine weitere Komponente x_{i_0} vermöge $x_{i_0} = v(N) - v(N_0)$ ($\{i_0\} = N\backslash N_0$). Das gibt Anlaß zu der folgenden Methode: Vorgegeben sei

$$\phi = K_0 \subseteq K_1 \subseteq \cdots \subseteq K_n = N \text{ mit } |K_i\backslash K_{i-1}| = 1 \text{ für } i = 1,\ldots,n.$$

Dann definiert man

$$x_i = v(K_i) - v(K_{i-1}) \quad \text{für} \quad i = 1,\ldots,n$$

und erhält $x \in C(v)$ (Beweis = Übung).

2.3   Der τ-Wert

2.3.1   Der Ober-Vektor, der Konzessions-Vektor und die Lückenfunktion eines Spieles

Definition: Der *Ober-Vektor* $b \in I\!\!R^n$ bzw. die *Lückenfunktion* $g : 2^N \to I\!\!R$ eines Spieles (N, v) sind gegeben durch

$$b_i = v(N) - v(N\backslash\{i\}) \text{ für alle } i \in N \text{ bzw.}$$
$$g(K) = \sum_{j\in K} b_j - v(K) \text{ für alle } K \subseteq N.$$

Die i-te Koordinate b_i des Ober-Vektors b heißt *marginaler Beitrag* des Spielers i (in Bezug auf die große Koalition N) im Spiel (N, v). Der Ausdruck Ober-Vektor erklärt sich daraus, daß b eine obere Schranke für die Vektoren des Core ist, wie das folgende Lemma zeigt.

Lemma 2.1:

1) Für jedes $x \in C(v)$ gilt $x_i \leq b_i$ für alle $i \in N$.

2) Ist $g(K) < 0$ für ein $K \subseteq N$, so ist $C(v)$ leer.

3) Es gilt
$$g(N\backslash\{i\}) = g(N) \quad \text{für alle} \quad i \in N.$$

Beweis:

1) Sei $x \in C(v)$ und $i \in N$. Dann folgt

$$b_i = v(N) - V(N\backslash\{i\}) = \sum_{j\in N} x_j - v(N\backslash\{i\}) \geq x_i.$$

2) Wir nehmen kontrapositorisch an, es sei $C(v) \neq \phi$. Wählt man $x \in C(v)$, so folgt

$$g(K) \geq \sum_{j\in K} x_j - v(K) \geq 0 \ \text{ für alle } \ K \subseteq N.$$

3) Es gilt für alle $i \in N$

$$g(N\backslash\{i\}) = \sum_{j\in N\backslash\{i\}} b_j - v(N\backslash\{i\}) = \sum_{j\in N} b_j - v(N) = g(N).$$

Aus dem Beweis von Lemma 2.1 geht hervor, daß

$$g(K) \geq 0 \ \text{ für alle } \ K \subseteq N$$

eine notwendige Bedingung dafür ist, daß der Core nichtleer ist. Sie ist aber im allgemeinen nicht hinreichend.

Neben einer oberen Schranke gibt es auch noch eine untere Schranke für den Core. Dazu machen wir zunächst einmal die

Definition: Der *Konzessions-Vektor* $\lambda \in I\!\!R^n$ eines Spieles (N, v) ist gegeben durch

$$\lambda_i = \min\{g(K)|\ K \subseteq N,\ i \in K\} \ \text{ für } \ i \in N.$$

Lemma 2.2: Für jedes $x \in C(v)$ und $i \in N$ gilt

$$b_i - \lambda_i \leq x_i.$$

Beweis: Sei $x \in C(v)$ und $i \in N$. Dann gibt es ein $K \subseteq N$ und ein $i \in K$ mit $\lambda_i = g(K)$, und wir erhalten

$$\lambda_i = g(K) = \sum_{j\in K} b_j - v(K) \geq \sum_{j\in K} b_j - \sum_{j\in K} x_j \geq b_i - x_i \quad \text{q.e.d.}$$

Ist der Core $C(v)$ eines Spieles (N, v) nichtleer, so gilt für jedes $x \in C(v)$

$$b_i - \lambda_i \leq x_i \leq b_i \quad \text{für alle} \quad i \in N.$$

2.3.2   Der τ-Wert eines quasi-balancierten Spieles

Wenn ein Spiel (N, v) superadditiv ist, dann erhalten wir

$$b_i = v(N) - v(N \setminus \{i\}) \geq v(\{i\}) \text{ oder äquivalent } g(\{i\}) \geq 0 \text{ für alle } i \in N,$$

d.h., jeder Spieler i zieht seinen marginalen Beitrag b_i dem Betrag $v(\{i\})$ vor, den er selbst erhalten kann.

Viele superadditive Spiele erfüllen jedoch die Ungleichung $\sum_{j \in N} b_j > v(N)$ oder äquivalent $g(N) > 0$, so daß es nicht möglich ist, den Betrag $v(N)$ unter den Spielern so aufzuteilen, daß jeder Spieler mindestens seinen marginalen Beitrag erhält. In diesem Fall wird der Ober-Vektor zwar von allen Spielern vorgezogen, ist aber kein effizienter Auszahlungsvektor. Wir nennen b einen Utopia-Auszahlungsvektor, wenn gilt

$$g(N) > 0 \text{ und } g(\{i\}) \geq 0 \text{ für alle } i \in N.$$

Mit diesem Begriff läßt sich der Begriff des Konzessions-Vektors motivieren: Spieler i verspricht jedem Mitglied einer Koalition K, die i enthält, seinen Utopia-Auszahlungsbetrag und behält den Betrag

$$v(K) - \sum_{j \in K \setminus \{i\}} b_i \text{ oder äquivalent } b_i - g(K)$$

für sich. Der größte Betrag, den i auf diesem Wege erzielen kann, ist dann offenbar gleich $b_i - \lambda_i$.

Wir nehmen jetzt an, es sei

$$\lambda_i \geq 0 \quad \text{für alle} \quad i \in N,$$

was mit

$$g(K) \geq 0 \quad \text{für alle} \quad K \subseteq N$$

gleichbedeutend ist.

Wir nehmen weiter an, daß gilt

$$\sum_{i \in N} \lambda_i \geq g(N).$$

Damit definieren wir: Ein Spiel (N, v) heißt *quasi-balanciert*, wenn gilt

$$\sum_{i \in N} \lambda_i \geq g(N) \text{ und } g(K) \geq 0 \text{ für alle } K \subseteq N$$

oder äquivalent

$$\sum_{i \in N} (b_i - \lambda_i) \leq v(N) \leq \sum_{i \in N} b_i \text{ und } \lambda_i \geq 0 \text{ für alle } i \in N.$$

Definition: Der τ-*Wert* $\tau(v)$ eines quasi-balancierten Spieles (N, v) ist gegeben durch

$$\tau(v) = \begin{cases} b & , \text{ falls } g(N) = 0, \\ b \quad -\frac{g(N)}{\sum\limits_{j \in N} \lambda_j} & , \text{ falls } g(N) > 0. \end{cases}$$

2.3.3 Notwendige und hinreichende Bedingungen dafür, daß der τ-Wert zum Core gehört

Zunächst beweisen wir den

Satz 2.4: Ist der Core eines Spieles (N, v) nichtleer, so ist das Spiel quasi-balanciert.

Beweis: Sei $x \in C(v)$; dann folgt aus Lemma 2.2

$$b_i - \lambda_i \leq x_i \quad \text{für alle } i \in N.$$

Daraus folgt

$$\sum_{i \in N} \lambda_i \geq \sum_{i \in N} b_i - \sum_{i \in N} x_i = \sum_{i \in N} b_i - v(N) = g(N).$$

Weiter folgt aus Lemma 2.1

$$g(K) \geq 0 \quad \text{für alle} \quad K \subseteq N$$

und damit die Quasi-Balanciertheit von (N, v).

Sodann beweisen wir den

Satz 2.5: Gilt für ein Spiel (N, v)

$$g(K) \geq 0 \text{ für alle } K \subseteq N \text{ und } g(N) = 0,$$

so ist $C(v) = \{\tau(v)\} = \{b\}$.

Beweis: $g(N) = 0$ impliziert $\sum_{i \in N} b_i = v(N)$.

Weiter folgt

$$\sum_{i \in K} b_i \geq v(K) \quad \text{für alle} \quad K \subseteq N.$$

Damit ist $b \in C(v)$.

Nach Lemma 2.1 ist

$$x_i \leq b_i \text{ für alle } i \in N \text{ und alle } x \in C(v).$$

Zusammen mit der Gleichheit

$$\sum_{i \in N} x_i = v(N) = \sum_{i \in N} b_i \text{ impliziert das } x = b \text{ für alle } x \in C(v),$$

mithin $\{b\} = C(v)$.

Nach Satz 2.4 ist (N, v) quasi-balanciert und damit $\tau(v) = b$, was den Beweis vollendet.

Schließlich beweisen wir den

Satz 2.6: Sei das Spiel (N, v) quasi-balanciert, und sei $g(N) > 0$. Dann gilt $\tau(v) \in C(v)$ genau dann, wenn gilt

$$\frac{\lambda(N)}{g(N)} \geq \frac{\lambda(K)}{g(K)} \text{ für alle } K \in N \text{ mit}$$

$$g(K) > 0 \text{ und } 2 \leq |K| \leq n - 2,$$

wobei

$$\lambda(K) = \sum_{i \in K} \lambda_i \ \text{ für } \ K \subseteq N.$$

Beweis: Wir setzen $x = \tau(v)$ und erhalten

$$\sum_{i \in N} x_i = \sum_{i \in N} b_i - g(N) = v(N) \text{ sowie}$$

$$b_i - \lambda_i \leq x_i \leq b_i \text{ für } i \in N.$$

Weiter ergibt sich

$$\sum_{j \in N \setminus \{i\}} x_j = v(N) - x_i \geq v(N) - b_i = v(N \setminus \{i\}) \text{ und}$$

$$x_i \geq b_i - \lambda_i \geq g(\{i\}) = v(\{i\}) \text{ für alle } i \in N.$$

Hieraus ergibt sich, daß $x \in C(v)$ ist genau dann, wenn gilt

$$\sum_{i \in K} x_i \geq v(K) \text{ für alle } K \subseteq N \text{ mit } 2 \leq |K| \leq n - 2.$$

Damit ist $x \in C(v)$ genau dann, wenn gilt

$$g(K) = \sum_{i \in K} b_i - v(K) \geq \sum_{i \in K} (b_i - x_i) = \frac{g(N)}{\sum\limits_{i \in N} \lambda_i} \sum_{i \in K} \lambda_i \qquad (*)$$

für alle $K \subseteq N$ mit $2 \leq |K| \leq n - 2$.

Ist $g(K) = 0$, so folgt $\lambda_i = 0$ für alle $i \in K$ und insbesondere $\sum\limits_{i \in K} \lambda_i = 0$. Damit gilt in $(*)$ die Gleichheit, und wir brauchen $(*)$ nur zu fordern für alle $K \subseteq N$ mit $g(K) > 0$.

2.3.4 Der Fall $n = 3$

In diesem Fall ist der *Ober-Vektor* $b \in I\!R^3$ gegeben durch

$$b_1 = v(N) - v(\{2,3\}), \ b_2 = v(N) - v(\{1,3\}), \ b_3 = v(N) - v(\{1,2\}).$$

Die *Lückenfunktion* $g : 2^N \to I\!R$ hat die Werte $v(\phi) = 0$ und

$$g(1) = b_1 - v(\{1\}) = v(N) - v(\{2,3\}) - v(\{1\}),$$
$$g(2) = b_2 - v(\{2\}) = v(N) - v(\{1,3\}) - v(\{2\}),$$
$$g(3) = b_2 - v(\{3\}) = v(N) - v(\{1,2\}) - v(\{3\}),$$
$$g(\{1,2\}) = g(\{1,3\}) = g(\{2,3\}) =$$
$$g(N) = 2v(N) - v(\{1,2\}) - v(\{1,3\}) - v(\{2,3\}).$$

Der *Konzessions-Vektor* $\lambda \in I\!R^3$ hat die Komponenten

$$\lambda_1 = \min\{g(\{1\}), g(\{1,2\}), g(\{1,3\}), g(N)\} = \min\{g(\{1\}), g(N)\},$$
$$\lambda_2 = \min\{g(\{2\}), g(N),$$
$$\lambda_3 = \min\{g(\{3\}), g(N).$$

Das Spiel (N, v) ist quasi-balanciert, wenn gilt

$$g(\{1\}) \geq 0,\ g(\{2\}) \geq 0,\ g(\{3\}) \geq 0,\ g(N) \geq 0 \quad \text{und}$$
$$\lambda_1 + \lambda_2 + \lambda_3 \geq g(N) = 2v(N) - v(\{1,2\}) - v(\{1,3\}) - v(\{2,3\}).$$

Sei (N, v) quasi-balanciert.

Fallunterscheidung:

a) $g(N) = 0$. Dann folgt $C(v) = \{\tau(v)\} = \{b\}$ nach Satz 2.5.

b) $g(N) > 0$. Dann ist der τ-Wert $\tau(v) \in I\!R^3$ gegeben durch

$$\tau_i(v) = b_i - \frac{g(N)}{\lambda_1 + \lambda_2 + \lambda_3}\, \lambda_i,\ i = 1, 2, 3,$$

und gehört nach Satz 2.6 zum Core $C(v)$.

2.4   Kostenspiele

2.4.1   Definition

Ein Spiel (N, c) heißt *Kostenspiel*, wenn seine Auszahlungsfunktion (Kosten-funktion) $c : 2^N \to I\!R$ *subadditiv* ist, d.h., wenn gilt:

$$c(K) + c(L) \geq c(K \cup L) \quad \text{für alle } K, L \subseteq N,\ \text{mit } K \cap L = \phi,$$

was inhaltlich bedeutet, daß die Kosten für die Vereinigung zweier disjunkter Koalitionen höchstens so groß sind wie die Summe der Kosten für die Koalitionen selbst.

Jedem Kostenspiel läßt sich ein Spar-Spiel zuordnen, wenn man dessen Auszahlungsfunktion $v : 2^N \to I\!R$ wie folgt definiert:

$$v(K) = \sum_{j \in K} c(\{j\}) - c(K) \quad \text{für alle} \quad K \subseteq N.$$

Aus der Subadditivität von (N, c) folgt sodann

$$v(K) \geq 0 \text{ für alle } K \subseteq N \text{ (insbesondere } v(\{i\}) = 0 \text{ für alle } i \in N)$$

und

$$v(L) + v(K) \leq v(L \cup K) \text{ für alle } L, K \subseteq N \text{ mit } L \cap K = \phi.$$

Ein Vektor $y \in I\!R^n$ heißt *Kostenzuteilung* für ein Kostenspiel (N, c), wenn gilt

$$\sum_{i \in N} y_i = c(N).$$

Dem Spieler i wird dabei der Betrag y_i zugeteilt.

Jeder Kostenzuteilung $y \in I\!R^n$ eines Kostenspieles (N, c) wird eine effiziente Auszahlung des zugehörigen Spar-Spieles (N, v) zugeordnet vermöge

$$x_i = c(\{i\}) - y_i \quad \text{für alle} \quad i \in N.$$

Dann gilt $x \in I(v)$ genau dann, wenn gilt

$$y_i \leq c(\{i\}) \text{ für alle } i \in N \text{ und } \sum_{i \in N} y_i = c(N). \qquad (*)$$

Weiter gilt $x \in C(v)$ genau dann, wenn die folgenden Bedingungen erfüllt sind:

$$\sum_{i \in K} y_i \leq c(K) \quad \text{für alle} \quad k \subseteq N$$

und

$$\sum_{i \in K} y_i = c(N)$$

2.4.2   Der τ-Wert des zugeordneten Spar-Spieles

Definiert man für jeden Spieler i seine Marginal-Kosten vermöge

$$c_i = c(N) - c(N\backslash\{i\}) \ \text{ für alle } \ i \in N,$$

so erhält man für den Ober-Vektor $b \in I\!R^n$ von (N, v) die Komponenten

$$b_i = c(\{i\}) - c_i \ \text{ für } \ i \in N.$$

Damit ergibt sich für die Lückenfunktion $g : 2^N \to I\!R$ von (N, v)

$$g(K) = c(K) - \sum_{i \in K} c_i \ \text{ für } \ K \subseteq N,$$

und der Konzessions-Vektor $\lambda \in I\!R^n$ ist gegeben durch

$$\lambda_i = \min\{c(K) - \sum_{j \in K} c_j | \ K \subseteq N \text{ mit } i \in K\}, \ i = 1, \ldots, n.$$

Wir machen jetzt die Annahme

$$c(\{i\}) + \sum_{j \in K\backslash\{i\}} c_j \leq c(K) \ \text{ für alle } \ i \in N \ \text{ und } \ K \subseteq N \ \text{ mit } \ i \in K. \quad (2.31)$$

Wegen

$$g(\{i\}) = c(\{i\}) - c_i \geq 0 \ \text{ für alle } \ i \in N$$

ist diese Bedingung äquivalent mit

$$g(\{i\}) \leq g(K) \ \text{ für alle } \ i \in N \ \text{ und } \ K \subseteq N \ \text{ mit } \ i \in K.$$

Daraus folgt

$$g(K) \geq 0 \ \text{ für alle } \ K \subseteq N.$$

Weiter ist

$$g(N) = c(N) - \sum_{j \in N} c_j \leq \sum_{i \in N} \lambda_i.$$

Damit ist das Spiel (N, v) quasi-balanciert, und sein τ-Wert ist nach Abschnitt 2.3.2 gegeben durch

$$\tau_i(v) = \left\{ \begin{array}{ll} b_i, & \text{falls } \ g(N) = 0, \\[2ex] b_i \ - \ \dfrac{g(N)}{\sum\limits_{j \in N} \lambda_j} \lambda_i, & \text{falls } \ g(N) > 0. \end{array} \right\} \ i = 1, \ldots, n. \qquad (2.32)$$

2.5 Einige Anwendungen

2.5.1 Eine Produktionsökonomie

Wir betrachten eine landwirtschaftliche Produktion, an der ein Landbesitzer und m Bauern beteiligt sind. Letztere werden alle vom selben Typ angenommen. Der Landbesitzer stellt die Bauern als Arbeiter ein. Stellt er etwa t Bauern ein, so wird angenommen, daß der monetäre Wert der Ernte des von diesen t Bauern bestellten Landes $f(t) \in I\!\!R$ beträgt. Die Funktion $f : \{0, 1, \ldots, m\} \to I\!\!R$ wird Produktionsfunktion genannt. Diese habe die folgenden beiden (naheliegenden) Eigenschaften:

1) Der Landbesitzer selber produziert nichts, d.h. $f(0) = 0$.

2) Die Funktion f ist monoton nicht-fallend, d.h.

$$f(t+1) \geq f(t) \quad \text{für alle} \quad t \in \{0, 1, \ldots, m-1\}.$$

Aus diesen beiden Eigenschaften folgt unmittelbar

$$f(t) \geq 0 \quad \text{für alle} \quad t \in \{0, 1, \ldots, m\}.$$

Diese Vorgabe gibt Anlaß zu dem folgenden kooperativen $n + 1$-Personen-Spiel:

Der Landbesitzer ist Spieler 1, und die Bauern sind Spieler $2, \ldots, m+1$. Die Auszahlungsfunktion $v : 2^N \to I\!\!R$, $N = \{1, \ldots, m+1\}$ ist gegeben durch

$$v(S) = \begin{cases} 0, & \text{falls} \quad 1 \notin S, \\ f(|S| - 1\}, & \text{falls} \quad 1 \in S. \end{cases}$$

Der Wert einer Koalition, die nur aus Bauern besteht, ist Null; denn die Bauern besitzen kein Land. Der Wert einer Koalition zu der auch der Landbesitzer gehört, ist der Wert der Ernte, die die daran beteiligten Bauern produzieren. Insbesondere gilt

$$v(\{i\}) = 0 \quad \text{für alle} \quad i \in N.$$

Behauptung: Dieses Spiel ist konvex, wenn die Funktion f konvex ist, d.h., wenn gilt

$$f(t+1) - f(t) \geq f(t) - f(t-1) \quad \text{für alle} \quad t \in \{1, \ldots, m-1\}.$$

Beweis: Nach Satz 2.2 haben wir zu zeigen, daß die Bedingung (2.27) erfüllt ist. Zu dem Zweck denken wir uns K, L, $\{i\} \subseteq N$ mit $K \subseteq L \subseteq N\backslash\{i\}$ vorgegeben. Wir setzen $s = |K|$ und $t = |L|$. Ist $1 \notin L$ und $i \neq 1$, so folgt $1 \notin K$ und

$$v(K \cup \{i\}) - v(K) = 0 = v(L \cup \{i\} - v(L).$$

Ist $1 \notin L$ und $i = 1$, so folgt $1 \notin K$ und

$$v(K \cup \{1\}) - v(K) = f(s) \leq f(t) = v(L \cup \{1\} - v(L).$$

Ist $1 \in L$ und $i \neq 1$, so haben wir zwei Fälle zu unterscheiden:

a) $1 \notin K$; dann folgt

$$v(K \cup \{i\}) - v(K) = 0 \leq f(t) - f(t-1) = v(L \cup \{i\}) - v(L).$$

b) $1 \in K$; dann folgt

$$v(K\cup\{i\})-v(K) = f(s)-f(s-1) \leq f(t)-f(t-1) = v(L\cup\{i\})-v(L).$$

Der Fall $1 \in L$ und $i = 1$ ist wegen $L \subseteq N\backslash\{i\}$ nicht möglich. Damit ist der Beweis vollendet.

Nach Satz 2.3 hat das Spiel einen nichtleeren Core, und es gibt ein konstruktives Verfahren zur Berechnung von Core-Elementen.

2.5.2 Eine Austauschökonomie

Wir betrachten eine Menge N von Händlern, die sich aus zwei Typen zusammensetzt, welche zwei komplementäre Waren A und B verkaufen, die aber nur in gleichen Quantitäten brauchbar sind. Die Menge N denken wir uns daher in zwei disjunkte nichtleere Teilmengen P und Q zerlegt, wobei jeder Händler in P bzw. Q eine Einheit bzw. $\alpha \geq 0$ Einheiten der Ware A bzw. B besitzt. Weiterhin wird angenommen, daß jeweils eine Einheit der beiden Waren mit einem Nettogewinn von einer Geldeinheit verkauft werden kann. Die Nettogewinnfunktion v, die für eine Menge S von Händlern den größtmöglichen monetären Gewinn beschreibt, ist dann gegeben durch

$$v(S) = \min\{|S \cap P|,\ \alpha|S \cap Q|\ \text{ für alle }\ S \subseteq N\} \qquad (2.33)$$

Damit liegt ein kooperatives Spiel vor mit der Spielermenge $N = P \cup Q$ und der Auszahlungsfunktion $v : 2^N \to I\!R$ (2.33).

Offenbar gilt

$$v(\{i\}) = 0 \;\text{ für alle }\; i \in N.$$

Als Spezialfall betrachten wir ein 3-Personen-Spiel mit $N = \{1, 2, 3\}$, $P = \{1\}$, $Q = \{2, 3\}$ und $0.5 \leq \alpha \leq 1$. Dann ergibt sich aus (2.31)

$$v(N) = 1, \; v(\{1, 2\}) = v(\{1, 3\}) = \alpha,$$
$$v(\{2, 3\}) = v(\{1\}) = v(\{2\}) = v(\{3\}) = 0.$$

Der Core $C(v)$ des Spiels besteht aus allen Vektoren $x \in I\!R^3$ mit

$$
\begin{aligned}
x_1 &\geq 0 \;,\quad x_1 \geq 0, \; x_3 \geq 0, \\
x_1 + x_2 &\geq \alpha, \\
x_1 \phantom{{}+ x_2} + x_3 &\geq \alpha, \\
x_2 + x_3 &\geq 0, \\
x_1 + x_2 + x_3 &= 1,
\end{aligned}
$$

woraus folgt

$$C(v) = \{x \in I\!R^3_+ \mid x_1 + x_2 + x_3 = 1, \; x_2 \leq x_1 - \alpha; x_3 \leq x_1 - \alpha\}$$
$$= \text{ konvexe Hülle von } \{(1, 0, 0), (\alpha, 1 - \alpha, 0), (\alpha, 0, 1 - \alpha),$$
$$(2\alpha - 1, 1 - \alpha, 1 - \alpha)\}.$$

Speziell für $\alpha = 1$ besteht der Core nur aus dem Punkt $(1, 0, 0)$. Die Menge der Imputationen lautet

$$I(v) = \{x \in I\!R^3_+ \mid x_1 + x_2 + x_3 = 1\}.$$

Dafür, daß ein $x \in I(v)$ ein $y \in I(v)$ dominiert, gibt es dann zwei Möglichkeiten

$$(x_1 > y_1, \, x_2 > y_2 \text{ und } x_3 \geq 1 - \alpha) \text{ oder } (x_1 > y_1, \, x_3 > y_3 \text{ und } x_2 \geq 1 - \alpha).$$

Um das einzusehen, nehmen wir zunächst an, daß fr $K = \{1, 2\}$ die Bedingung (**) in Abschnitt 2.1 erfüllt ist, d.h.

$$x_1 > y_1, \, x_2 > y_2 \text{ und } x_1 + x_2 \leq v(\{1, 2\}) = \alpha.$$

Dann folgt $x_3 = 1 - x_1 - x_2 \geq 1 - \alpha$. Analog sieht man, daß für $K = \{1,3\}$ aus der Bedingung $(**)$ in Abschnitt 2.1 folgt, daß gilt $x_2 \geq 1 - \alpha$. Für die restlichen Teilmengen von N ist $(**)$ nicht erfüllbar.

Als nächstes wollen wir die Menge

$$\text{dom } C(v) = \{y \in I(v)|\ \text{Es gibt ein } x \in C(v), \text{ welches } y \text{ dominiert}\}$$

bestimmen.

Dazu betrachten wir ein $x \in C(v)$, welches ein $y \in I(v)$ domoniert. Dann gilt entweder

$$x_1 > y_1, x_2 > y_2 \text{ und } x_1 + x_2 \leq \alpha \ \text{ oder } \ x_1 > y_1, x_3 > y_3 \text{ und } x_1 + x_3 \leq \alpha.$$

Im ersteren Falle folgt

$$1 - y_3 = y_1 + y_2 < x_1 + x_2 \leq \alpha, \text{ mithin } 1 - \alpha < y_1, \text{ und } y_2 < x_2 \leq 1 - \alpha.$$

Ist umgekehrt ein $y \in I(v)$ mit $y_2 < 1 - \alpha < y_3$ gegeben, so wählen wir $x_1 = 2\alpha - 1$, $x_2 = 1 - \alpha = x_3$ und erhalten $x_1 + x_2 = \alpha$, $y_2 < x_2$ und $y_1 = 1 - y_2 - y_3 < \alpha - y_2 = x_1 + x_2 - y_2 < x_1$.

Damit ist die Menge aller $y \in I(v)$, für die es ein $x \in C(v)$ gibt mit $x_1 > y_1$, $x_2 > y_2$ und $x_1 + x_2 \leq \alpha$, gegeben durch $\{y \in I(v)|\ y_2 < 1 - \alpha < y_3\}$. Analog zeigt man, daß die Menge aller $y \in I(v)$, für die es ein $x \in C(v)$ gibt mit $x_1 > y_1$, $x_3 > y_3$ und $x_1 + x_3 \leq \alpha$, gegeben ist durch $\{y \in I(v)|\ y_3 < 1 - \alpha < y_2\}$. Als Ergebnis erhalten wir

$$\text{dom}C(v) = \{y \in I(v)|\ y_2 < 1 - \alpha < y_3\} \bigcup \{y \in I(v)|\ y_3 < 1 - \alpha < y_2\}.$$

Im Spezialfall $\alpha = 0.5$ erhalten wir

$$\text{dom } C(v) = \{y \in I(v)|\ y_2 < 0.5 < y_3 \text{ oder } y_3 < 0.5 < y_2\}$$

und

$$C(v) = \{y \in I(v)|\ y_2 \leq 0.5 \text{ und } y_3 \leq 0.5\},$$

mithin $C(v) \cap domC(v) = \phi$ und $C(v) \cup domC(v) = I(v)$.

Damit ist $C(v)$ eine stabile Menge und nach dem Korollar zu Satz 2.1 die einzige stabile Menge.

2.5.3 Das Flughafenspiel

Gegeben sei ein Flughafen mit m Landebahnen unterschiedlicher Länge, auf denen m Flugzeugtypen unterschiedlicher Größe starten und landen können. Die Kapitalkosten einer Landebahn hängen im Wesentlichen von dem größten Flugzeugtyp ab, der auf ihr starten und landen kann. Wir teilen die Flugzeuge in m Typen ($m \geq 2$) ein. Sei N_j die Menge der Landungen von Flugzeugen des Typs $j \in \{1, \ldots, m\}$. Dann ist $N = \bigcup_{j=1}^{m} N_j$ die Menge aller Landungen auf dem Flughafen. Sei C_j die Kostensumme einer Landebahn, die für Flugzeuge vom Typ j geeignet ist. Wir können uns ohne Beschränkung der Allgemeinheit diese Kostensummen geordnet denken, so daß gilt $0 < C_1 < C_2 < \cdots < C_m$.

Nun sei $K \subseteq N$, $K \neq \phi$. Dann sind die Kosten $c(K)$ einer Landebahn, die für alle Landemengen in K geeignet ist, gegeben durch

$$c(K) = \max(C_j \mid 1 \leq j \leq m \text{ mit } K \cap N_j \neq \phi). \qquad (2.34)$$

Man verifiziert leicht, daß gilt

$$c(K \cup L) \leq c(K) + c(L) \text{ für alle } K, L \subseteq N \text{ mit } K \cap L = \phi.$$

Damit ist gemäß Definition 2.4.1 das Paar (N, c) ein Kostenspiel.

Behauptung: Dieses Kostenspiel genügt der Bedingung (2.31), so daß das zugeordnete Sparspiel (N, v) quasi-balanciert und sein τ-Wert durch (2.32) gegeben ist.

Beweis: Aus (2.34) folgt ein $c(N) = C_m$ sowie

$$c(\{i\}) = C_j, \quad \text{falls } i \in N_j,$$

und

$$c(\{i\}) \leq c(K), \quad \text{falls } i \in K.$$

Wir unterscheiden jetzt die beiden Fälle $|N_m| = 1$ und $|N_m| \geq 2$.

a) Sei $|N_m| \geq 2$. Dann ist

$$c(N \backslash \{i\}) = C_m \text{ für alle } i \in N,$$

und wir erhalten

$$c_i = c(N) - c(N\setminus\{i\}) = C_m - C_m = 0 \text{ für alle } i \in N.$$

Die Bedingung (2.31) lautet also

$$c(\{i\}) \leq c(K) \text{ für alle } i \in N \text{ und } K \subseteq N \text{ mit } i \in K$$

und ist erfüllt.

b) Sei $|N_m| = 1$. Sei etwa $N_m = \{\hat{i}\}$. Aus (2.34) folgt dann

$$c(N\setminus\{i\}) = C_m \text{ für alle } i \neq \hat{i} \text{ und } c(N\setminus\{\hat{i}\}) = C_{m-1}.$$

Daraus folgt

$$c_i = 0 \text{ für alle } i \neq \hat{i} \text{ und } c_{\hat{i}} = C_m - C_{m-1}.$$

Um die Bedingung (2.31) zu beweisen, geben wir uns ein $i \in N$ und ein $K \subseteq N$ mit $i \in K$ vor.

Ist $\hat{i} \notin K\setminus\{i\}$, dann gilt $c(\{i\}) \leq c(K)$, und (2.31) ist erfüllt. Ist $\hat{i} \in K\setminus\{i\}$, dann gilt $c(K) = C_m$ sowie $C(\{i\}) \leq C_{m-1}$, und es folgt

$$c(\{i\}) + \sum_{j \in K\setminus\{i\}} c_j \leq C_{m-1} + c_{\hat{i}} = C_m = c(K),$$

d.h. (2.31) ist erfüllt, was den Beweis vollendet.

Um den τ-Wert (2.32) zu berechnen, unterscheiden wir wieder die beiden Fälle $|N_m| = 1$ und $|N_m| \geq 2$.

a) Sei $|N_m| \geq 2$. Dann ist

$$g(N) = c(N) = C_m > 0.$$

Weiter ist

$$b_i = c(\{i\}) = C_j \text{ für } i \in N_j$$

und

$$\lambda_i = \min\{c(K)|\ K \subseteq N, i \in K\} = c(\{i\}) = C_j \text{ für } i \in N_j.$$

Damit ergibt sich

$$\sum_{i \in N} \lambda_i = \sum_{k=1}^{m} |N_k| \, C_k$$

und somit

$$\tau_i(v) = C_j - \frac{C_m}{\sum_{k=1}^{m} |N_k| \, C_k} \, C_j, \quad \text{falls} \ i \in N_j.$$

b) Sei $|N_m| = 1$. Dann ist

$$g(N) = C_m - (C_m - C_{m-1}) = C_{m-1} > 0.$$

Sei wie oben $N_m = \{\hat{i}\}$. Dann ist

$$b_i = \begin{cases} c(\{\hat{i}\}) & - & (C_m - C_{m-1}) = C_{m-1}, \\ c(\{i\}) & = & C_j, \ \text{falls} \ i \in N_j \ \text{und} \ j \neq m \ (\text{d.h.} \ i \neq \hat{i}). \end{cases}$$

Weiter ist

$$\lambda_i = C_j, \ \text{falls} \ i \in N_j \ \text{und} \ j \neq m \ \text{und} \ \lambda_{\hat{i}} = C_{m-1}.$$

Damit ist

$$\sum_{i \in N} \lambda_i = \sum_{k=1}^{m-1} |N_k| \, C_k + C_{m-1}$$

und somit

$$\tau_i(v) = C_j - \frac{C_{m-1}}{\sum_{k=1}^{m-1} |N_k| C_k + C_{m-1}} \, C_j, \ \text{falls} \ i \in N_j, \ j \neq m (\text{d.h.} \ i \neq \hat{i})$$

und

$$\tau_{\hat{i}}(v) = C_{m-1} - \frac{C_{m-1}}{\sum_{k=1}^{m-1} |N_k| C_k + C_{m-1}} \, C_{m-1}.$$

Abschließend beweisen wir noch die folgende

Behauptung: Das dem Kostenspiel (N, c) zugeordnete Sparspiel (N, v) ist konvex, d.h. es gilt

$$v(K) + v(L) \leq v(K \cup L) + v(K \cap L) \text{ für alle } K, L \subseteq N.$$

Beweis: Wir beweisen zunächst

$$c(K) + c(L) \geq c(K \cup L) + c(K \cap L) \text{ für alle } K, L \subseteq N. \tag{2.35}$$

Ist $K = \phi$ oder $L = \phi$, so gilt (2.35) als Gleichheit.

Sei daher $K \neq \phi$ und $L \neq \phi$. Sei für $j \in \{1, \ldots, m\}$

$$(K \cup L) \cap N_j \neq \phi, \text{ mithin } c(K \cup L) = C_j.$$

Sei etwa $K \cap N_j \neq \phi$ (o.B.d.A.). Dann folgt $c(K) \geq C_j$ und somit

$$\begin{aligned}
c(K) + c(L) &\geq C_j + c(L) \geq C_j + c(K \cap L) \\
&= c(K \cup L) + c(K \cap L).
\end{aligned}$$

Damit ist (2.35) gezeigt.

Unter Verwendung von

$$v(K) = \sum_{j \in K} c(\{i\}) - c(K) \text{ für alle } K \subseteq N$$

folgt sodann

$$\begin{aligned}
v(K) + v(L) &= \sum_{j \in K} c(\{j\}) + \sum_{j \in L} c(\{j\}) - (c(K) + c(L)) \\
&\leq \sum_{j \in K} c(\{j\}) + \sum_{j \in L} c(\{j\}) - c(K \cup L) - c(K \cap L) \\
&= \sum_{j \in K \cup L} c(\{j\}) - c(K \cup L) + \sum_{j \in K \cap L} c(\{j\}) - c(K \cap L) \\
&= v(K \cup L) + v(K \cap L),
\end{aligned}$$

womit die Behauptung bewiesen ist.

2.5.4 Das Bankrott-Spiel

Den Ausgangspunkt bildet die folgende Situation: Beim Bankrott eines Unternehmens verbleibt ein Restwert $E \geq 0$, der auf n Gläubiger zu verteilen ist. Jeder Gläubiger hat einen Anspruch $d_i \geq 0$ für $i = 1, \ldots, n$. Es ist aber $E \leq \sum_{i=1}^{n} d_i$, so daß ein Verteilungsproblem auftritt, wenn $E < \sum_{i=1}^{n} d_i$ ist.

Dieses Verteilungsproblem wird nun auf folgende Weise in ein kooperatives n-Personen-Spiel übergeführt: Es wird $N = \{1, \ldots, n\}$ gesetzt und die Auszahlungsfunktion $v : 2^N \to I\!\!R_+$ definiert vermöge

$$v(K) = \max(0, E - \sum_{j \in N \setminus K} d_j) \text{ für alle } K \subseteq N. \qquad (2.36)$$

Wenn sich also einige Gläubiger zu einer Koalition K zusammenschließen, so erhalten sie als Auszahlung das, was übrig bleibt, wenn die Ansprüche der anderen Gläubiger erfüllt worden sind.

Aus der Definition (2.36) ergibt sich insbesondere

1) $v(N) = E$,

2) $v(N \setminus \{i\}) = \max(0, E - d_i)$ für alle $i \in N$,

3) $v(\{i\}) = \max(0, E - \sum_{j \in N \setminus \{i\}} d_j) \leq d_i$ für alle $i \in N$.

4) $d_i \geq E$ impliziert $v(K) = 0$ für alle $K \subseteq N \setminus \{i\}$.

Ein Beispiel: $E = 120$, $d_1 = 30$, $d_2 = 40$, $d_3 = 60$, $d_4 = 120$. In diesem Fall ist

$$v(\{1, 4\}) = 20, \ v(\{2, 4\}) = 30, \ v(\{3, 4\}) = 50,$$
$$v(\{1, 2, 4\}) = 60, \ v(\{1, 3, 4\}) = 80, \ v(\{2, 3, 4\}) = 90,$$
$$v(N) = 120, \ v(K) = 0 \text{ für alle anderen } K \subseteq N.$$

Behauptung: Das Bankrott-Spiel ist konvex, d.h., es gilt

$$v(K \cup \{i\}) - v(K) \leq v(L \cup \{i\}) - v(L)$$
$$\text{für alle } K, L, \{i\} \subseteq N \text{ mit } K \subseteq L \subseteq N \setminus \{i\} \text{ (vgl. Satz 2.2).}$$

Beweis: Setzen wir $\alpha = E - \sum\limits_{j=1}^{n} d_j$, so folgt aus der Definition (2.36)

$$v(K) = \max(0, \alpha + \sum_{j \in K} d_j) \ \text{ für } \ K \subseteq N.$$

Nun seien $i \in N$, K, $L \subseteq N$ mit $K \subseteq L \subseteq N \backslash \{i\}$ vorgegeben.

Zunächst bemerken wir, daß für alle β, $\gamma \in I\!\!R$ gilt

$$\max(0, \beta) + \max(0, \gamma) = \max(0, \beta, \gamma, \beta + \gamma).$$

Daraus folgt

$$
\begin{aligned}
v(K \cup \{i\}) + v(L) &= \max(0, \alpha + d_i + \sum_{j \in K} d_j) + \max(0, \alpha + \sum_{j \in L} d_j) \\
&= \max(0, \alpha + d_i + \sum_{j \in K} d_j, \ \alpha + \sum_{j \in L} d_j, \ 2\alpha + d_i \\
&\quad + \sum_{j \in K} d_j + \sum_{j \in L} d_j).
\end{aligned}
$$

Auf die gleiche Weise zeigt man

$$v(L \cup \{i\}) + v(K) = \max(0, \alpha + d_i + \sum_{j \in L} d_j, \ \alpha + \sum_{j \in K} d_j, \ 2\alpha + d_i + \sum_{j \in L} d_j + \sum_{j \in K} d_j).$$

Wegen $d_j \geq 0$ für alle $j \in N$ ist $\sum\limits_{j \in K} d_j \leq \sum\limits_{j \in L} d_j$, da $K \subseteq L$.

Wegen $i \notin L$ $(\Rightarrow i \notin K)$ ergibt sich damit unmittelbar

$$v(K \cup \{i\}) + v(L) \leq v(L \cup \{i\}) + v(K),$$

was den Beweis vollendet.

Nach Satz 2.3 hat das Spiel (N, v) einen nichtleeren Core, d.h., die große Koalition N ist stabil.

In dem obigen Beispiel besteht der Core aus allen Vektoren $x \in I\!\!R_+^4$ mit

$$
\begin{aligned}
x_1 + x_4 &\geq 20, & x_1 + x_2 + x_4 &\geq 60, \\
x_2 + x_4 &\geq 30, & x_1 + x_3 + x_4 &\geq 80, & x_1 + x_2 + x_3 + x_4 &= 120. \\
x_3 + x_4 &\geq 50, & x_2 + x_3 + x_4 &\geq 90,
\end{aligned}
$$

Offenbar ist $x = (30, 30, 30, 30)^T$ ein Punkt des Core.

Kapitel 3

Von Nicht-Kooperation zu Kooperation

3.1   Ein allgemeines n-Personen-Kosten-Spiel

Wir betrachten n Spieler P_i, $i = 1, \ldots, n$, $n \geq 2$, die ein Spiel spielen, in welchem jeder Spieler P_i eine (nichtleere) Menge $U_i \subseteq I\!\!R^{m_i}$ von Strategien zur Verfügung hat. Sie können jedoch nicht notwendig ihre Strategie unabhängig voneinander wählen. Wenn der Spieler P_i die Strategie $u_i \in U_i$, $i = 1, \ldots, n$, wählt, so muß das n-Tupel $(u_1, \ldots, u_n)$ in einer nicht-leeren Teilmenge U von $\prod\limits_{i=1}^{n} U_i$ liegen, die die Form

$$U = \bigcap_{i=1}^{n} V_i \text{ hat, wobei } V_i \subseteq \prod_{j=1}^{n} U_j \text{ ist für } i = 1, \ldots, n.$$

Jedem Spieler P_i, $i = 1, \ldots, n$, entstehen Kosten $\varphi_i(u_1, \ldots, u_n) \geq 0$ für $(u_1, \ldots, u_n) \in U$, die er zu minimieren versucht. Das ist jedoch im allgemeinen nicht simultan möglich. Daher könnten die Spieler in einem ersten Schritt die Funktion

$$\varphi(u) = \sum_{i=1}^{n} \varphi_i(u) \text{ für } u \in U$$

minimieren.

Ist $\hat{u} \in U$ derart, daß gilt

$$\varphi(\hat{u}) \leq \varphi(u) \quad \text{für alle} \quad u \in U,$$

so ist $\hat{u}$ ein Pareto-Optimum (vgl. Abschnitt 1.2.3), d.h.: Für jedes $u \in U$ mit

$$\varphi_i(u) \leq \varphi_i(\hat{u}) \quad \text{für alle} \quad i = 1, \ldots, n$$

ist notwendig

$$\varphi_i(u) = \varphi_i(\hat{u}) \quad \text{für alle} \quad i = 1, \ldots, n.$$

Spezialfall: Sei $m_i = 1$ und $U_i = I\!R_+$ für jedes $i = 1, \ldots, n$. Weiter sei $\varphi_i : I\!R_+^n \to I\!R_+$ durch

$$\varphi_i(u_1, \ldots, u_n) = u_i \quad \text{für} \quad i = 1, \ldots, n,$$

und sei V_i gegeben durch

$$V_i = \{u \in I\!R_+^n | \sum_{j=1}^{n} c_{ij}\, u_j \geq b_i\} \quad \text{für} \quad i = 1, \ldots, n.$$

Dann ist

$$U = \bigcap_{i=1}^{n} V_i = \{u \in I\!R_+^n | \sum_{j=1}^{n} c_{ij}\, u_j \geq b_i \quad \text{für alle} \quad i = 1, \ldots, n\}.$$

In diesem Fall führt die Minimierung von

$$\varphi(u) = \sum_{i=1}^{n} u_i, \ u \in U,$$

auch auf ein Nash-Gleichgewicht $\hat{u} \in U$, für das gilt

$$\varphi(\hat{u}) \leq \varphi_i(\hat{u}_1, \ldots, \hat{u}_{i-1}, u_i, \hat{u}_{i+1}, \ldots, \hat{u}_n)$$
$$\text{für alle} \quad (\hat{u}_1, \ldots, \hat{u}_{i-1}, u_i, \hat{u}_{i+1}, \ldots, \hat{u}_n) \in U, \ i = 1, \ldots, n.$$

Beweis = Übung.

Die Minimierung von φ auf U ist gleichbedeutend mit dem linearen Optimierungsproblem, das darin besteht, die Summe $\sum\limits_{i=1}^{n} u_i$ zu minimieren unter den Nebenbedingungen

$$\sum_{j=1}^{n} c_{ij}\, u_j \geq b_i \quad \text{für} \quad i = 1, \ldots, n,$$
$$u_1 \geq 0, \ldots, u_n \geq 0. \tag{3.1}$$

Sei $b_j \geq 0$ und $c_{jj} > 0$ für alle $j = 1, \ldots, n$.
   Nun sei für ein $j \in \{1, \ldots, n\}$

$$c_{ji} \leq 0 \quad \text{für alle } i = 1, \ldots, n, \ i \neq j.$$

Ist dann $\hat{u} \in I\!\!R^n$ eine Lösung dieses Problems, so ist notwendig

$$\sum_{k=1}^{n} c_{jk}\, \hat{u}_k = b_j;$$

denn andernfalls wäre $(\hat{u}_1, \ldots, \hat{u}_{j-1}, u_j^*, \hat{u}_{j+1}, \ldots, \hat{u}_n)$ mit

$$u_j^* = \frac{1}{c_{jj}} \Big(b_j - \sum_{\substack{k=1 \\ k \neq j}} c_{jk}\, \hat{u}_k\Big) < \hat{u}_j$$

auch eine Lösung von (3.1), und es wäre

$$u_j^* + \sum_{\substack{k=1 \\ k \neq j}} \hat{u}_k < \sum_{k=1}^{n} \hat{u}_k, \quad \text{was nicht möglich ist.}$$

Wir machen jetzt die Annahme

$$c_{ji} \leq 0 \quad \text{für alle} \quad j \neq i.$$

Dann folgt für jede Lösung $\hat{u} \in I\!\!R^n$ des linearen Optimierungsproblems notwendig

$$\sum_{j=1}^{n} c_{ij}\, \hat{u}_j = b_i \quad \text{für alle} \quad i = 1, \ldots, n.$$

Nimmt man zusätzlich an, daß gilt

$$\sum_{j=1}^{n} c_{ij} > 0 \quad \text{für alle} \quad i = 1, \ldots, n.$$

so ist die Matrix $C = (c_{ij})$ invers-monoton, d.h. die Inverse C^{-1} existiert und ist positiv. Daraus folgt

$$\hat{u} = C^{-1} b (\geq \theta_n).$$

Ist $u \in I\!R^n$ irgendeine Lösung von (3.1), dann folgt

$$u \geq C^{-1} b = \hat{u}, \text{ d.h. } u_i \geq \hat{u}_i \text{ für alle } i = 1, \ldots, n.$$

3.2 Überführung in ein kooperatives Spiel

Für jede nichtleere Teilmenge S von $N = \{1, \ldots, n\}$ wählen wir eine nichtleere Menge $U_S \subseteq \bigcup_{i \in S} V_i$ und definieren

$$v(S) = \begin{cases} \inf \ \{\varphi(u) \,|\, u \in U_S\} & \text{, falls } S \text{ nichtleer ist,} \\ 0 & \text{, falls } S \text{ leer ist.} \end{cases}$$

Dann ist $v : 2^N \to I\!R_+$ die Auszahlungsfunktion eines kooperativen n-Personen-Spiels.

Im obigen Spezialfall definieren wir für jede nichtleere Teilmenge $S \subseteq N$

$$c_j(S) = \sum_{i \in S} c_{ij} \text{ für } j = 1, \ldots, n \text{ und } b(S) = \sum_{i \in S} b_i$$

und setzen

$$U_S = \{u \in I\!R_+^n \,|\, \sum_{j=1}^{n} c_j(S)\, u_j \geq b(S)\}.$$

Dann ist

$$U_S \subseteq \bigcup_{i \in S} V_i.$$

Wir nehmen an, daß U nichtleer ist. Dann ist auch jedes U_S nichtleer. Die Minimierung von $\varphi(u) = \sum\limits_{i=1}^{n} u_i$ auf U_S ist gleichbedeutend mit der Minimierung von $\sum\limits_{i=1}^{n} u_i$ unter den Nebenbedingungen

$$\sum_{j=1}^{n} c_j(S)\, u_j \geq b(S),$$
$$u_1 \geq 0, \ldots, u_n \geq 0.$$

Dual dazu ist das Problem, die Zahl $b(S)\, y$ zum Maximum zu machen unter den Nebenbedingungen

$$c_j(S)\, y \leq 1 \text{ für } j = 1, \ldots, n \text{ und } y \geq 0.$$

Diese Nebenbedingungen sind für $y = 0$ erfüllt. Nach Satz 5.6 sind beide Probleme lösbar, und die Extremwerte stimmen überein. Sei $y(S)$ eine Lösung des dualen Problems, so ist

$$y(S) = \min\{\frac{1}{c_j(S)}\mid c_j(S) > 0\} \tag{$*$}$$

und

$$v(S) = b(S)\, y(S).$$

Es erhebt sich die Frage, unter welchen Bedingungen die große Koalition N stabil ist, was bedeutet, daß es im Falle einer großen Koalition keinen Anreiz gibt, von ihr abzuweichen.

Das ist sicher der Fall, wenn es eine Aufteilung $\{x_1, \ldots, x_n\}$ der Kosten $v(N)$ der großen Koalition gibt mit

$$x_i \geq 0 \ \text{ für } \ i = 1, \ldots, n,$$
$$\sum_{i=1}^{n} x_i = v(N) \tag{3.2}$$

und

$$\sum_{i \in S} x_i \leq v(S) \ \text{ für alle } \ S \subseteq N,\ S \neq \phi. \tag{3.3}$$

Eine solche Aufteilung garantiert nämlich jedem Spieler Kosten $x_i \leq v(\{i\})$, und für jede Koalition $S \subseteq N$, $S \neq \phi$, sind die gemeinsamen Kosten $\sum\limits_{i \in S} x_i$ höchstens so hoch wie $v(S)$.

Zunächst gilt der

Satz 3.1: Es existiert genau dann ein $x \in I\!\!R^n$ mit (3.2), (3.3), wenn die folgende Bedingung erfüllt ist: Wenn für jede nichtleere Menge $S \subseteq N$ ein Gewicht $\gamma_S \geq 0$ gegeben ist derart, daß gilt

$$\sum_{\substack{S \in 2^N \setminus \phi \\ i \in S}} \gamma_S = 1 \ \text{ für } \ i = 1, \ldots, n, \tag{3.4}$$

dann folgt notwendig

$$v(N) \leq \sum_{S \in 2^N \setminus \phi} \gamma_S \, v(S). \tag{3.5}$$

Der Beweis dieses Satzes wird genauso geführt wie der Beweis dafür, daß die Implikation (2.16) notwendig und hinreichend dafür ist, daß der Core nichtleer ist.

Um diesen Satz anwenden zu können, machen wir die folgende Annahme:

1) Ist für jede nichtleere Menge $S \subseteq N$ ein Gewicht $\gamma_S \geq 0$ gegeben derart, daß (3.4) erfüllt ist, so folgt für jedes $u_S \in U_S$

$$\sum_{S \in 2^N \setminus \phi} \gamma_S \, u_S \in U_N.$$

2) Für jede nichtleere Menge $S \subseteq N$ gibt es ein $\hat{u}_S \in U_S$ mit $\varphi(\hat{u}_S) = v(S)$.

3) Für jedes $i \in N$ und jede endliche Folge $u^1, \ldots, u^m \in I\!\!R^{\sum\limits_{i=1}^{n} m_i}$ und Zahlen $\lambda_1 \geq 0, \ldots, \lambda_m \geq 0$ gilt

$$\varphi_i(\sum_{k=1}^{m} \lambda_k \, u^k) \leq \sum_{k=1}^{m} \lambda_k \, \varphi_i(u^k).$$

Unter diesen Annahmen beweisen wir den

Satz 3.2: Unter den Annahmen 1), 2) und 3) gibt es ein $x \in \mathbb{R}^n$ mit (3.2), (3.3), d.h. die große Koalition ist stabil.

Beweis: Sei für jede nichtleere Menge $S \subseteq N$ ein Gewicht $\gamma_S \geq 0$ vorgegeben derart, daß (3.4) erfüllt ist. Dann folgt mit $\mathcal{B} = 2^N \backslash \phi$

$$\sum_{S \in \mathcal{B}} \gamma_S\, v(S) = \sum_{S \in \mathcal{B}} \gamma_S\, \varphi(\hat{u}_S) \geq \varphi \big(\underbrace{\sum_{S \in \mathcal{B}} \gamma_S\, \hat{u}_S}_{\in U_N} \big) \geq v(N).$$

Die Behauptung folgt damit nach Satz 3.1.

Im obigen Spezialfall ist die Annahme 2) erfüllt, wenn U nichtleer ist. Annahme 3) ist offensichtlich erfüllt. Bezüglich Annahme 1) beweisen wir den

Satz 3.3: Ist

$$c_{ii} > 0 \quad \text{für} \quad i = 1, \ldots, n$$
$$\text{und} \tag{3.6}$$
$$c_{ij} \geq 0 \quad \text{für} \quad i, j = 1, \ldots, n, \quad i \neq j,$$

(woraus folgt, daß U nichtleer ist), so ist die Annahme 1) erfüllt.

Beweis: Sei $\mathcal{B} = 2^N \backslash \phi$, und für jedes $S \in \mathcal{B}$ sei $\gamma_S \geq 0$ ein Gewicht mit

$$\sum_{\substack{S \in \mathcal{B} \\ i \in S}} \gamma_S = 1 \quad \text{für} \quad i = 1, \ldots, n.$$

Dann folgt

$$\sum_{S \in \mathcal{B}} \gamma_S\, b(S) = \sum_{S \in \mathcal{B}} \gamma_S \sum_{i \in S} b_i = \sum_{i=1}^{n} \big(\sum_{\substack{S \in \mathcal{B} \\ i \in S}} \gamma_S \big) b_i = b(N).$$

Nun sei für jedes $S \in \mathcal{B}$ ein $u_S \in U_S$ gegeben. Dann folgt

$$\sum_{j=1}^{n} c_j(S) \big(\sum_{S \in \mathcal{B}} \gamma_S\, u_S \big)_j = \sum_{S \in \mathcal{B}} \gamma_S \big(\sum_{j=1}^{n} c_j(S)(u_S)_j \big) \geq \sum_{S \in \mathcal{B}} \gamma_S\, b(S) = b(N),$$

was

$$\sum_{j=1}^{n} c_j(N) \left(\sum_{S\in\mathcal{B}} \gamma_S\, u_S\right)_j \geq b(N)$$

und damit $\sum_{S\in\mathcal{B}} \gamma_S\, u_S \in U_N$ impliziert, da $\sum_{S\in\mathcal{B}} \gamma_S\, u_S \in I\!\!R_+^n$ ist.

Nimmt man zusätzlich zu (3.6) noch an, daß gilt

$$b_i \geq 0 \quad \text{für} \quad i = 1,\ldots,n$$

und definiert

$$x_i = b_i\, y(N) \quad \text{für} \quad i = 1,\ldots,n$$

mit $y(N)$ nach $(*)$ für $S = N$, so folgt

$$x_i \geq 0 \quad \text{für} \quad i = 1,\ldots,n$$
$$\sum_{i\in N} x_i = b(N)\, y(N) = v(N) \tag{3.2}$$

und

$$\sum_{i\in S} x_i = b(S)\, y(N) \leq b(S)\, y(S) = v(S)$$
$$\text{für alle } S \subseteq N \text{ mit } S \neq \phi. \tag{3.3}$$

Wir wollen das an einem Beispiel demonstrieren: Sei

$$C = \begin{pmatrix} 1 & 0.8 & 0.1 \\ 0.2 & 1 & 0.8 \\ 0.1 & 0.5 & 1 \end{pmatrix}, \quad b = \begin{pmatrix} 0.2 \\ 0.2 \\ 0.2 \end{pmatrix}.$$

Dann ist

$$v(S_1^i) = 0.2 \quad \text{für} \quad i = 1,2,3$$
$$v(S_2^1) = v(S_2^3) = 0.\bar{2}\ldots, \quad v(S_2^2) = 0.3076923, \quad v(N) = 0.2608696.$$

Weiter ist

$$y(N) = \min\left(\frac{1}{1.3}, \frac{1}{2.3}, \frac{1}{1.9}\right) = 0.4347826$$

und

$$x_1 = x_2 = x_3 = 0.2 \cdot y(N) = 0.0869565 > 0.$$

Damit ist

$$
\begin{aligned}
\text{Damit ist} \quad x_1 \;+\; x_2 \;+\; x_3 \;&=\; 0.2608696 \quad &&= v(N) \\
x_1 \;+\; x_2 \qquad\qquad &=\; 0.173913 \quad &&< v(S_2^1) \\
x_1 \;+\; \qquad +\; x_3 \;&=\; 0.173913 \quad &&< v(S_2^2) \\
x_2 \;+\; x_3 \;&=\; 0.173913 \quad &&< v(S_2^3) \\
\text{sowie} \quad x_1 \;=\; x_2 \;=\; x_3 \;&<\; v(S_1^1) = v(S_1^2) \;&&= v(S_1^3)
\end{aligned}
$$

3.3 Spezialfälle

a) Für jede nichtleere Menge $S \subseteq N$ definieren wir

$$
U_S = \bigcap_{i \in S} V_i
$$

und setzen

$$
v(S) = \inf\{\varphi(u)\mid u \in U_S\},
$$

wobei wiederum

$$
\varphi(u) = \sum_{i \in N} \varphi_i(u) \;\text{ ist für }\; u \in \prod_{j=1}^{n} U_j.
$$

Weiter setzen wir $v(\phi) = 0$.

Aus $U_S \subseteq V_i$ für alle $i \in S$ folgt

$$
v(\{i\}) \le v(S) \;\text{ für alle }\; i \in S.
$$

Sei für jede nichtleere Menge $S \subseteq N$

$$
\varepsilon_S = v(S) - \frac{1}{|S|} \sum_{i \in S} v(\{i\}) \; (\ge 0).
$$

Wenn wir definieren

$$
x_i = \frac{1}{n}\left(v(\{i\}) + \varepsilon_N\right) \;\text{ für }\; i = 1,\ldots,n,
$$

dann folgt

$$x_i \geq 0 \quad \text{für} \quad i = 1, \ldots, n$$

und

$$\sum_{i=1}^{n} x_i = \frac{1}{n} \sum_{i=1}^{n} (v(\{i\}) + \varepsilon_N) = \frac{1}{n} \sum_{i=1}^{n} v(\{i\}) + \varepsilon_N = v(N),$$

d.h. (3.2) ist erfüllt

Annahme:

$$\left. \begin{array}{l} \frac{1}{n}(v(\{i\}) + \varepsilon_N) \leq v(\{i\}) \text{ für } i = 1, \ldots, n \text{ und} \\[2mm] \frac{\varepsilon_N}{n} \leq \frac{\varepsilon_S}{|S|} \text{ für alle nichtleeren Mengen } S \subseteq N \text{ mit } |S| \geq 2. \end{array} \right\} \qquad (3.7)$$

Für jede nichtleere Menge $S \subseteq N$ folgt dann

$$\sum_{i \in S} x_i = \sum_{i \in S} \frac{1}{n}(v(\{i\}) + \varepsilon_N) \leq \sum_{i \in S} \frac{1}{|S|}(v(\{i\}) + \varepsilon_S) = v(S).$$

Resultat: Unter der Annahme (3.7) ist die große Koalition stabil.

Die Bedingung (3.7) ist nicht notwendig für die Stabilität der großen Koalition, wie das Beispiel am Ende von Abschnitt 3.2 zeigt. Für dieses errechnet man (Übung):

$$v(\{i\}) = 0.2 \quad \text{für} \quad i = 1, 2, 3,$$

$v(\{1,2\}) = 0.2380952$, $v(\{1,3\}) = 0.32$, $v(\{2,3\}) = 0.23\bar{3} \cdots$ und $v(N) = 0.3349854$.

Damit ergibt sich

$$\varepsilon_N = 0.3349854 - \tfrac{1}{3} \cdot 0.6 = 0.1349854,$$

$$\tfrac{1}{n}(v(\{i\}) + \varepsilon_N) = \tfrac{1}{3}(0.2 + 0.1349854) = 0.1116618 < v(\{i\}) = 0.2$$

$$\text{für } i = 1, 2, 3,$$

$$\tfrac{\varepsilon_{\{1,2\}}}{2} = \tfrac{1}{2}(0.2380952 - \tfrac{1}{2} \cdot 0.4) = 0.0190476 < \tfrac{\varepsilon_N}{3} = 0.0449951,$$

$$\tfrac{\varepsilon_{\{1,3\}}}{2} = \tfrac{1}{2}(0.32 - \tfrac{1}{2} \cdot 0.4) = 0.06 > \tfrac{\varepsilon_N}{3} = 0.0449951,$$

$$\tfrac{\varepsilon_{\{2,3\}}}{2} = \tfrac{1}{2}(0.23\bar{3} \cdots - \tfrac{1}{2} \cdot 0.4) = 0.016\bar{6} \cdots < \tfrac{\varepsilon_N}{3} = 0.0449951,$$

d.h. (3.7) ist verletzt.

Definiert man jedoch

$$x_i = \frac{1}{3}\,(0.2 + 0.1349854) = 0.1116618 \ \text{ für } \ i = 1,2,3,$$

so ist

$$x_i \ < \ v(\{i\}) \ \text{ für } \ i = 1,2,3,$$
$$x_1 + x_2 \ = \ 0.2233236 < v(\{1,2\}) = 0.2380952,$$
$$x_1 + x_3 \ = \ 0.2233236 < v(\{1,3\}) = 0.32,$$
$$x_2 + x_3 \ = \ 0.2233236 < v(\{2,3\}) = 0.23\bar{3}\cdots$$

und

$$x_1 + x_2 + x_3 = v(N),$$

d.h. die Bedingungen (3.2), (3.3) sind erfüllt.

Aufgabe: Man zeige, daß man die Bedingung (3.7) ersetzen kann durch

$$\frac{\varepsilon_N}{n} \leq \frac{1}{|S|}\,\{\varepsilon_S + \sum_{i \in S}(\frac{1}{|S|} - \frac{1}{n})\,v(\{i\})\} \ \text{ für alle } \ S \subseteq N, S \neq \phi.$$

b) Für jede nichtleere Menge $S \subseteq N$ definieren wir

$$U_S = \bigcup_{i \in S} V_i.$$

Dann folgt für jede nichtleere Menge $S \subseteq N$, daß gilt

$$v(S) = \inf\{\varphi(u)|\, u \in U_S\} = \min_{i \in S}\, \inf\{\varphi(u)|\, u \in V_i = U_{\{i\}}\} = \min_{i \in S}\, v(\{i\})$$

Das impliziert

$$v(N) \leq v(S) \ \text{ für alle nichtleeren Mengen } \ S \subseteq N.$$

Wenn wir definieren

$$x_i = \frac{1}{n}\,v(N) \ \text{ für } \ i = 1,\dots,n,$$

so ist (3.2) erfüllt, und für jede nichtleere Menge $S \subseteq N$ erhalten wir

$$\sum_{i \in S} x_i = \frac{|S|}{n}\,v(N) \leq v(S),$$

d.h., auch (3.3) ist erfüllt, und die große Koalition ist stabil.

c) Wir definieren wiederum für jede nichtleere Menge $S \subseteq N$

$$U_S = \bigcap_{i \in S} V_i.$$

Dann setzen wir für jede nichtleere Menge $S \subseteq N$

$$v(S) = \inf\{\varphi_S(u)|\ u \in U_S\},$$

wobei

$$\varphi_S(u) = \sum_{i \in S} \varphi_i(u),\ u \in U_S.$$

Annahme: Für jede nichtleere Menge $S \subseteq N$ gibt es ein $u(S) \in U_S$ mit $\varphi_S(u(S)) = v(S)$.

Wegen

$$U_S \subseteq V_i = U_{\{i\}} \quad \text{für jedes}\ i \in S$$

folgt dann

$$v(\{i\}) \leq \varphi_i(u(S)) \quad \text{für alle}\ i \in S.$$

Daraus folgt weiter

$$\sum_{i \in S} v(\{i\}) \leq \varphi_S(u(S)) = v(S) \quad \text{für alle}\ S \subseteq N,\ S \neq \phi.$$

Ist

$$\sum_{i \in N} v(\{i\}) = v(N), \tag{3.8}$$

dann erfüllt $(v(\{1\}), \ldots, v(\{n\}))^T$ die Bedingungen (3.2), (3.3), d.h., die große Koalition ist stabil.

Übung: Man zeige, daß unter der Bedingung (3.8) der Vektor $(v(\{1\}), \ldots, v(\{n\}))^T$ die einzige Lösung von (3.2), (3.3) ist.

3.4 von Neumannsche Theorie kooperativer Spiele

3.4.1 Die charakteristische Funktion eines Spieles

Wir gehen aus von einem n-Personen-Nullsummen-Spiel

$$\Gamma = (S_1, \ldots, S_n, \phi_1, \ldots, \phi_n)$$

mit endlichen Strategiemengen $S_1, \ldots, S_n$. Sei $N = \{1, \ldots, n\}$ die Menge der Spieler und $K \subseteq N$ eine beliebige Teilmenge, eine sog. Koalition von Spielern. Dann definieren wir als Koalitionsspiel Γ_K das Zwei-Personen-Spiel

$$\Gamma_K = (\prod_{i \in K} S_i, \ \prod_{i \in N \setminus K} S_i, \ \sum_{i \in K} \phi_i, \ \sum_{i \in N \setminus K} \phi_i).$$

Dieses Spiel ist offenbar auch ein Nullsummen-Spiel mit zwei endlichen Strategiemengen $\prod_{i \in K} S_i = S_{n_1} \times \cdots \times S_{n_s}$, falls $K = \{n_1, \ldots, n_s\}$, und $\prod_{i \in N \setminus K} S_i$. Die Auszahlungsfunktionen ϕ_i für $i = 1, \ldots, n$ können in natürlicher Weise als Funktionen des Paares (s, t) mit $s \in \prod_{i \in K} S_i$ und $t \in \prod_{i \in N \setminus K} S_i$ aufgefaßt werden.

Für den Fall $K = N$ reduziert sich natürlich Γ_K auf ein Ein-Personen-Spiel. Formal kann die obige Beschreibung als Zwei-Personen-Spiel beibehalten werden; denn in diesem Falle ist $\sum_{i \in N \setminus K} \phi_i = 0$, und $\prod_{i \in N \setminus K} S_i$ besteht nur aus einem Element, dem "0-Tupel", was der Tatsache entspricht, daß der "leere Koalitionsspieler" $N \setminus K$ nur eine Strategie besitzt, nämlich die, nichts zu tun. Eine entsprechende Bemerkung gilt für den Fall $K = \phi$.

Nach Satz 1.9 besitzt die gemischte Erweiterung $\langle \Gamma_K \rangle$ von Γ_K mindestens einen Sattelpunkt, und dieser definiert nach Satz 1.4 in eindeutiger Weise einen Wert des Spieles Γ_K, den wir mit $v(K)$ bezeichnen. Die dadurch definierte Funktion $v : 2^N \to I\!\!R$ heißt *charakteristische Funktion* von Γ.

Beispiel: Jeder von drei Spielern $1, 2, 3$ wählt ohne Kenntnis der Entscheidung der anderen einen von zwei Buchstaben A, B. Falls alle drei den gleichen Buchstaben gewählt haben, erfolgen keine Auszahlungen. Andernfalls erhalten die beiden Spieler, die den gleichen Buchstaben gewählt haben, je eine Geldeinheit von dem Übrigbleibenden.

Dieses Spiel ist ein Drei-Personen-Nullsummen-Spiel. Die Strategiemengen sind $S_1 = S_2 = S_3 = \{A, B\}$, und die Auszahlungsfunktionen sind gegeben durch

$$\phi_1(A, A, A) = \phi_1(A, A, A) = 0,$$

$$\phi_1(A, A, B) = \phi_1(B, B, A) = \phi_1(A, B, A) = \phi_1(B, A, B) = 1,$$

$$\phi_1(A, B, B) = \phi_1(B, A, A) = -2$$

und analog für ϕ_2, ϕ_3.

Sei nun $K = \{2, 3\}$ und daher $N \backslash K = \{1\}$. Dann hat das Koalitionsspiel Γ_K die folgende Auszahlungsmatrix:

	A	B
AA	0	2
BB	2	0

Die gemischten Strategien $\frac{1}{2} AA + \frac{1}{2} BB$ für K und $\frac{1}{2} A + \frac{1}{2} B$ für $N \backslash K$ bilden einen Sattelpunkt. Daraus folgt $v(K) = v(\{2, 3\}) = 1$. Wählt man $K = \{1\}$ und daher $N \backslash K = \{2, 3\}$, so folgt $v(K) = v(\{1\}) = -1$. Aus Symmetriegründen ergibt sich daher

$$v(\{1\}) = v(\{2\}) = v(\{3\}) = -1, \ v(\{1, 2\}) = v(\{1, 3\}) = v(\{2, 3\}) = 1.$$

Darüber hinaus ist $v(N) = v(\phi) = 0$.

Für die charakteristische Funktion eines n-Personen-Nullsummen-Spiels gilt nun der folgende

Satz 3.4: Sei $v : 2^N \to I\!R$ die charakteristische Funktion eines n-Personen-Nullsummen-Spieles mit endlichen Strategiemengen. Dann gilt:

1. $v(\phi) = 0$.

2. Für je zwei Mengen $K, L \subseteq N$ mit $K \cap L = \phi$ gilt

$$v(K) + v(L) \le v(K \cup L),$$

d.h. v ist superadditiv.

3. Für jedes $K \subseteq N$ gilt

$$v(K) + v(N\backslash K) = 0.$$

Beweis: Behauptung 1. ist trivial.

Zum Beweis von Behauptung 2. setzen wir für jede Auszahlungsfunktion

$$\phi_i(s_1, \ldots, s_n) = \phi_i(s, t, w), \quad \text{wobei}$$

$$s \in \prod_{i \in K} S_i, \ t \in \prod_{i \in L} S_i \ \text{und} \ w \in \prod_{i \in N\backslash(K \cup L)} S_i.$$

Nun sei $\hat{\sigma} : \prod_{i \in K} S_i \to [0,1]$ eine optimale gemischte Strategie im Spiel Γ_K. Dann ist

$$\sum_{\substack{s \in \Pi S_i \\ i \in K}} \sum_{i \in K} \phi_i(s, t, w)\, \hat{\sigma}(s) \geq v(K) \quad \text{für alle} \ t, w.$$

Ist $\hat{\tau} : \prod_{i \in L} S_i \to [0,1]$ eine optimale gemischte Strategie im Spiel Γ_L, so ist

$$\sum_{\substack{t \in \Pi S_i \\ i \in L}} \sum_{i \in L} \phi_i(s, t, w)\, \hat{\tau}(t) \geq v(L) \quad \text{für alle} \ s, w.$$

Nun ist $\hat{\sigma} \cdot \hat{\tau}$ eine gemischte Strategie im Spiel $\Gamma_{K \cup L}$. Damit erhält man als Auszahlung an $K \cup L$ bei Benutzung von $\hat{\sigma} \cdot \hat{\tau}$ gegenüber einer beliebigen Strategie $w \in \prod_{i \in N\backslash(K \cup L)} S_i$ den Wert

$$\sum_{s,t} \sum_{i \in K \cup L} \phi_i(s, t, w)\, \hat{\sigma}(s) \cdot \hat{\tau}(t) = \sum_t [\sum_s \sum_{i \in K} \phi_i(s, t, w)\, \hat{\sigma}(s)]\, \hat{\tau}(t)$$

$$+ \sum_s [\sum_t \sum_{i \in L} \phi_i(s, t, w)\, \hat{\tau}(t)]\, \hat{\sigma}(s) \geq v(K) + v(L),$$

woraus

$$v(K \cup L) \geq v(K) + v(L)$$

folgt.

Zum Beweis von Behauptung 3. wählen wir $K \subseteq N$ beliebig und setzen für jede Auszahlungsfunktion

$$\phi_i(s_1, \ldots, s_n) = \phi_i(s, t), \quad \text{wobei}$$

$$s \in \prod_{i \in K} S_i \ \text{und} \ t \in \prod_{i \in N\backslash K} S_i.$$

Dann ist

$$\sum_{i\in K} \phi_i(s,t) = -\sum_{i\in N\setminus K} \phi_i(s,t).$$

Daraus folgt wegen

$$v(K) = \min_\sigma \max_\tau \sum_{s,t} \sum_{i\in K} \phi_i(s,t)\,\sigma(s)\,\tau(t)$$

und

$$v(N\setminus K) = \min_\sigma \max_\tau \sum_{s,t} \sum_{i\in N\setminus K} \phi_i(s,t)\,\sigma(s)\,\tau(t),$$

daß gilt $v(N\setminus K) = -v(K)$, was den Beweis vollendet.

Ist Γ kein Nullsummen-Spiel, so definieren wir für jedes $K \subseteq N$ das Koalitionsspiel Γ_K vermöge

$$\Gamma_K = (\prod_{i\in K} S_i,\ \prod_{i\in N\setminus K} S_i,\ \sum_{i\in K} \phi_i, -\sum_{i\in K} \phi_i).$$

In diesem Fall hat die zugehörige charakteristische Funktion $v : 2^N \to I\!R$ nur noch die Eigenschaften 1. und 2. in Satz 3.4.

Umgekehrt gilt jetzt der folgende

Satz 3.5: Sei $N = \{1,\ldots,n\}$ und $v : 2^N \to I\!R$ mit den Eigenschaften 1. und 2. aus Satz 3.4 vorgegeben. Dann gibt es ein n-Personen-Spiel mit endlichen Strategiemengen und v als charakteristischer Funktion. Hat $v :$ $2^N \to I\!R$ überdies die Eigenschaft 3., so ist dieses Spiel als ein Nullsummen-Spiel definierbar.

Wir wollen hier auf den Beweis verzichten.

Definition: Ein n-Personen-Spiel Γ mit der charakteristischen Funktion v und Spielermenge $N = \{1,\ldots,n\}$ heißt unwesentlich, wenn v additiv ist, d.h.

$$v(K) + v(L) = v(K \cup L) \text{ für alle } K,\, L \subseteq N \text{ mit } K \cap L = \phi.$$

Ist v nicht additiv, so heißt Γ wesentlich.

Satz 3.6: Das n-Personen-Spiel Γ mit der charakteristischen Funktion v und Spielermenge $N = \{1, \ldots, N\}$ ist genau dann unwesentlich, wenn gilt

$$\sum_{i=1}^{n} v(\{i\}) = v(N).$$

Beweis: Die angegebene Bedingung ist auf Grund der Additivität von v notwendig.

Umgekehrt genüge v der angegebenen Bedingung. Sei $K \subseteq N$ beliebig gewählt. Dann folgt auf Grund von Eigenschaft 2. in Satz 3.4

$$\sum_{i \in K} v(\{i\}) \leq v(K) \quad \text{und ebenso} \quad \sum_{i \in N \setminus k} v(\{i\}) \leq v(N \setminus K).$$

Weiter ist $v(K) + v(N \setminus K) \leq v(N)$.

Wäre nun $\sum_{i \in K} v(\{i\}) < v(K)$, so wäre

$$v(N) \geq v(K) + v(N \setminus K) > \sum_{i \in K} v(\{i\}) + \sum_{i \in N \setminus K} v(\{i\}) = \sum_{i \in N} v(\{i\}),$$

ein Widerspruch gegen die Annahme, v genüge der angegebenen Bedingung. Daher muß für alle $K \subseteq N$ gelten

$$v(K) = \sum_{i \in K} v(\{i\}),$$

woraus die Additivität von v folgt.

Definition: Zwei n-Personen-Spiele Γ und Γ' mit endlichen Strategien und charakteristischen Funktionen v und v' heißen *strategisch äquivalent*, wenn es Zahlen $k > 0$ und $c_1, \ldots, c_n$ gibt, so daß für alle $K \subseteq N = \{1, \ldots, n\}$ gilt

$$v'(K) = k \cdot v(K) + \sum_{i \in K} c_i.$$

In diesem Falle nennt man auch v und v' strategisch äquivalent.

Beispiele:

1) Die unwesentlichen n-Personen-Spiele bilden eine Klasse strategisch äquivalenter Spiele. Sei v die charakteristische Funktion eines beliebigen unwesentlichen n-Personen-Spiels, also

$$v(K) = \sum_{i \in K} v(\{i\}) \text{ für alle } K \subseteq N = \{1, \ldots, n\} \text{ (vgl. Beweis von Satz 3.6)}$$

v ist strategisch äquivalent der charakteristischen Funktion v' mit

$$v'(K) = 0 \text{ für alle } K \subseteq N.$$

Dazu hat man nur zu setzen $k = 1$ und $c_i = -v(\{i\})$ für $i = 1, \ldots, n$.

Da die Beziehung der strategischen Äquivalenz reflexiv, symmetrisch und transitiv ist, ergibt sich, daß alle unwesentlichen Spiele zueinander strategisch äquivalent sind.

2) Zu jedem wesentlichen n-Personen-Spiel Γ gibt es ein strategisch äquivalentes, für dessen charakteristische Funktion v' gilt

$$v'(\{i\}) = 0 \text{ für } i = 1, \ldots, n \text{ und } v'(N) = 1.$$

Sei nämlich Γ ein wesentliches n-Personen-Spiel mit der charakteristischen Funktion v. Dann ist $v(N) - \sum_{i=1}^{n} v(\{i\}) = \delta > 0$.

Setzt man in der obigen Definition

$$k = \frac{1}{\delta} \text{ und } c_i = \left(-\frac{1}{\delta}\right) v(\{i\}) \text{ für } i = 1, \ldots, n,$$

so erhält man die gesuchte charakteristische Funktion v'.

3.4.2   Der von Neumannsche Lösungsbegriff

Sei Γ ein n-Personen-Spiel mit endlichen Strategiemengen und der charakteristischen Funktion v sowie der Spielermenge $N = \{1, \ldots, n\}$. Dann gilt für paarweise disjunkte Teilmengen $K_1, \ldots, K_m$ von N mit $\bigcup_{i=1}^{m} K_i = N$ nach Satz 3.4

$$v(K_1) + \cdots + v(K_m) \leq v(N).$$

Der Maximalgewinn, den sich die Spieler in ihre Gesamtheit sichern können, ist also $v(N)$. Es fragt sich nun, wie dieser Gesamtgewinn unter die n Spieler zu verteilen ist. Dazu treffen wir die folgende

Definition: Eine Verteilung von $v(N)$ ist ein Vektor $(x_1, \ldots, x_n) \in I\!\!R^n$ mit

$$x_i \geq v(\{i\}) \text{ für } i = 1, \ldots, n \text{ und } \sum_{i=1}^{n} x_i = v(N).$$

Wegen $\sum_{i=1}^{n} v(\{i\}) \leq v(N)$ gibt es solche Verteilungen von $v(N)$.

Jede Verteilung von $v(N)$ sichert jedem Spieler mindestens den Gewinn zu, den er sich alleine sichern kann.

Es fragt sich, ob auch für jede Teilmenge $K \subseteq N$ die Ungleichung

$$\sum_{i \in K} x_i \geq v(K)$$

gilt (d.h., ob der Core des Spieles nichtleer ist).

Ist das nicht der Fall, so gibt es ein $K \subseteq N$ mit

$$\sum_{i \in K} x_i < v(K),$$

und die Spieler können sich in der Koalition K den Gewinn $v(K)$ sichern. Der Mehrertrag könnte unter die Teilnehmer der Koalition verteilt werden, so daß eine neue Verteilung entsteht, die für K "günstiger" ist als $(x_1, \ldots, x_n)$. Das führt zu der folgenden

Definition: Die Verteilung $(y_1, \ldots, y_n)$ von $v(N)$ *dominiert bezüglich* $K \subseteq N$ die Verteilung $(x_1, \ldots, x_n)$, wenn gilt

1. $K \neq \phi$,

2. $y_i > x_i$ für alle $i \in K$,

3. $v(K) \geq \sum_{i \in K} y_i.$

Dann gilt der folgende

Satz 3.7: Sei $(x_1, \ldots, x_n)$ eine Verteilung von $v(N)$ und $K \subseteq N$ eine beliebige Teilmenge. Behauptung: Es gilt

$$\sum_{i \in K} x_i < v(K)$$

genau dann, wenn eine Verteilung $(y_1, \ldots, y_n)$ von $v(N)$ existiert, die $(x_1, \ldots, x_n)$ bezüglich K dominiert.

Beweis: Falls $(y_1, \ldots, y_n)$ die Verteilung $(x_1, \ldots, x_n)$ bezüglich K dominiert, so ist $K \neq \phi$, und es gilt

$$v(K) \geq \sum_{i \in K} y_i > \sum_{i \in K} x_i.$$

Gilt umgekehrt $\sum_{i \in K} x_i < v(K)$, so ist $\delta_1 = v(K) - \sum_{i \in K} x_i > 0$.

Ferner folgt aus $v(K) + v(N \backslash K) \leq v(N)$, daß

$$v(N) - v(K) \geq v(N \backslash K) \geq \sum_{i \in N \backslash K} v(\{i\}), \quad \text{also}$$

$$\delta_2 = v(N) - v(K) - \sum_{i \in N \backslash K} v(\{i\}) \geq 0 \quad \text{ist.}$$

Weiter ist $K \neq \phi, N$. Dann definiere man

$$y_i = \begin{cases} x_i + \frac{\delta_1}{|K|} & \text{für} \quad i \in K, \\ v(\{i\}) + \frac{\delta_2}{|N \backslash K|} & \text{für} \quad i \in N \backslash K. \end{cases}$$

Man bestätigt leicht, daß $(y_1, \ldots, y_n)$ eine Verteilung von $v(N)$ ist, die $(x_1, \ldots, x_n)$ dominiert.

Definition: Die Verteilung $(y_1, \ldots, y_n)$ von $v(N)$ dominiert die Verteilung $(x_1, \ldots, x_n)$ von $v(N)$, wenn es eine Teilmenge $K \subseteq N$ gibt derart, daß $(y_1, \ldots, y_n)$ die Verteilung $(x_1, \ldots, x_n)$ dominiert.

Mittels der Begriffe Verteilung und Dominanz definiert nun von Neumann den Begriff einer Lösung eines Spieles folgendermaßen (vgl. dazu Abschnitt 2.1):

Definition: Sei v die charakteristische Funktion eines n-Personen-Spieles Γ. Eine Lösung von Γ ist dann eine Menge V von Verteilungen von $v(N)$ mit den beiden Eigenschaften:

1 Zu jeder Verteilung $(x_1, \ldots, x_n) \notin V$ gibt es eine Verteilung $(y_1, \ldots, y_n) \in V$, die $(x_1, \ldots, x_n)$ dominiert.

2 Keine Verteilung aus V dominiert eine andere Verteilung aus V.

Satz 3.8: Seien v und v' die charakteristischen Funktionen zweier strategisch äquivalenter n-Personen-Spiele Γ und Γ'. Dann existiert eine umkehrbar eindeutige Abbildung $(x_1, \ldots, x_n) \to (x'_1, \ldots, x'_n)$ der Menge aller Verteilungen $(x_1, \ldots, x_n)$ von Γ auf die Menge aller Verteilungen $(x'_1, \ldots, x'_n)$ von Γ'. Dabei dominiert die Verteilung $(x_1, \ldots, x_n)$ von $v(N)$ die Verteilung $(y_1, \ldots, y_n)$ von $v(N)$ bezüglich K genau dann, wenn die Verteilung $(x'_1, \ldots, x'_n)$ von $v'(N)$ die Verteilung $(y'_1, \ldots, y'_n)$ bezüglich K dominiert. Ferner ist eine Menge von Verteilungen von $v(N)$ genau dann eine Lösung von Γ, wenn ihr Bild eine Lösung von Γ' ist.

Beweis: Sei

$$v'(K) = kv(K) + \sum_{i \in K} c_i \ (k > 0) \ \text{ für alle } \ K \subseteq N.$$

Definiert man dann die Abbildung $(x_1, \ldots, x_n) \to (x'_1, \ldots, x'_n)$ vermöge

$$x'_i = kx_i + c_i, \ i = 1, \ldots, n,$$

so lassen sich die Behauptungen von Satz 3.8 bestätigen.

Auf Grund des Satzes 3.8 genügt es für das Aufsuchen der Lösungen von n-Personen-Spielen, aus jeder Klasse strategisch äquivalenter Spiele nur eines zu untersuchen.

Das wollen wir abschließend am Beispiel unwesentlicher Spiele demonstrieren. Hier gilt

Satz 3.9: Sei v die charakteristische Funktion eines unwesentlichen n-Personen-Spiels Γ. Dann hat Γ genau eine Lösung, nämlich die einelementige Menge, die nur die Verteilung $(x_1, \ldots, x_n) = (v(\{1\}), \ldots, v(\{n\}))$ enthält.

Beweis: Da Γ unwesentlich ist, gilt

$$\sum_{i=1}^{n} v(\{i\}) = v(N).$$

Daher gibt es überhaupt nur eine Verteilung von $v(N)$, nämlich $(v(\{1\}), \dots, v(\{n\}))$ und diese bildet trivialerweise eine Lösung von Γ.

Kapitel 4

Dynamische Spiele

4.1 Definition eines Problems der Steuerbarkeit

Wir betrachten n Spieler P_i, $i = 1, \ldots, n$, die in einem sog. dynamischen Spiel verwickelt sind. Wir nehmen an, daß jedem Spieler eine Zustandsvektorfunktion $x_i : I\!N_0 \to I\!R^{n_i}$ zugeordnet werden kann und daß er eine Steuerungsvektorfunktion $u_i : I\!N_0 \to I\!R^{m_i}$ zur Verfügung hat, die mit der Zustandsvektorfunktion gekoppelt ist durch ein System von Differenzengleichungen

$$x_i(t+1) = g_i(x(t), u(t)), \; t \in I\!N_0,$$
$$i = 1, \ldots, n, \tag{4.1}$$

wobei $x(t) = (x_1(t)^T, \ldots, x_n(t)^T)^T$, $u(t) = (u_1(t)^T, \ldots, u_n(t)^T)^T$ und $g_i \in C(I\!R^N \times I\!R^M, I\!R^{n_i})$, $i = 1, \ldots, n$, mit $N = \sum_{i=1}^{n} n_i$ und $M = \sum_{i=1}^{n} m_i$. Setzt man $g = (g_1^T, \ldots, g_n^T)^T$, so kann man (4.1) auch in der Form

$$x(t+1) = g(x(t), u(t)), \; t \in I\!N_0, \tag{4.2}$$

schreiben, wobei $g \in C(I\!R^N \times I\!R^M, I\!R^N)$.

Nun sei $U_i \subseteq I\!R^{m_i}$ für jedes $i = 1, \ldots, n$ eine Steuerungsmenge mit $\theta_{m_i} \in U_i$ (θ_{m_i} = Nullvektor in $I\!R^{m_i}$). Dann heißt das System

$$x(t+1) = g(x(t), \theta_M), \; t \in I\!N_0, \tag{4.3}$$

(θ_M = Nullvektor in $I\!R^M$) ungesteuert.

Annahme: Das ungesteuerte System (4.3) besitze einen Fixpunkt $\hat{x} \in I\!R^N$, d.h. eine Lösung der Gleichung

$$g(\hat{x}, \theta_M) = \hat{x}. \tag{4.4}$$

Wir nehmen an, daß dieser Fixpunkt ein erwünschter Zustand des gesamten Systems für alle Spieler ist. Sie werden daher versuchen, Steuerungsvektorfunktionen $u_i : I\!N_0 \to I\!R^{m_i}$, $i = 1, \ldots, n$, mit

$$u_i(t) \in U_i \ \text{ für alle } \ t \in I\!N_0$$

zu finden derart, daß das System (4.2) einen gegebenen Ausgangszustand $x_0 \in I\!R^N$ zur Zeit $t = 0$ in endlich vielen Schritten in den Zustand $\hat{x}$ überführt.

Das führt zu dem folgenden

Problem der Steuerbarkeit:

Gegeben sei ein Anfangszustand $x_0 \in I\!R^N$. Gesucht ist eine Zeit $T \in I\!N_0$ und eine Steuerungsvektorfunktion $u : I\!N_0 \to I\!R^M$ mit

$$u(t) \in U = \prod_{i=1}^{n} U_i \ \text{ für alle } \ t \in I\!N_0 \tag{4.5}$$

und

$$u(t) = \theta_M \ \text{ für alle } \ t \geq T, \tag{4.6}$$

so daß die Lösung $x : I\!N_0 \to I\!R^N$ von (4.2), die die Anfangsbedingung

$$x(0) = x_0 \tag{4.7}$$

erfüllt, der Endbedingung

$$x(T) = \hat{x} \tag{4.8}$$

genügt, was

$$x(t) = \hat{x} \ \text{ für alle } \ t \geq T$$

impliziert.

Aus (4.2) und (4.7) folgt

$$
\begin{aligned}
x(T) &= \underbrace{g(g(\cdots(g(x_0, u(0)), u(1)), \ldots), u(T-1))}_{T-mal} \\
&= G^T(x_0, u(0), \ldots, u(T-1)).
\end{aligned}
$$

Nun sei $T \in I\!N$ gegeben. Sind dann $u(0), \ldots, u(T-1) \in U$ Lösungen des Gleichungssystems

$$
G^T(x_0, u(0), \ldots, u(T-1)) = \hat{x} \tag{4.9}
$$

und definiert man

$$
u(t) = \theta_M \quad \text{für alle } t \geq T,
$$

dann erhält man eine Steuerungsvektorfunktion $u : I\!N_0 \to I\!R^M$ mit (4.5), (4.6), die das Problem der Steuerbarkeit löst.

4.2 Eine spieltheoretische Lösung

4.2.1 Der nicht-kooperative Fall

Für eine gegebene Vektorfunktion $u : I\!N_0 \to I\!R^M$ definieren wir für jedes $i = 1, \ldots, n$ und jedes $T \in I\!N$

$$
u_{Ti} = (u_i(0)^T, \ldots, u_i(T-1)^T)^T \in I\!R^{m_i T}
$$

und

$$
\tilde{G}_i^T(u_{T1}, \ldots, u_{Tn}) = G_i^T(x_0, u(0), \ldots, u(T-1))
$$

sowie

$$
\tilde{\varphi}_i^T(u_{T1}, \ldots, u_{Tn}) = \|\tilde{G}_i^T(u_{T1}, \ldots, u_{Tn}) - \hat{x}_i\|_2^2,
$$

wobei $\| \cdot \|_2$ die euklidische Norm bezeichnet. Dann kann das System (4.9) umgeschrieben werden in die Form

$$
\tilde{G}_i^T(u_{T1}, \ldots, u_{Tn}) = \hat{x}_i \quad \text{für } i = 1, \ldots, n. \tag{$\widetilde{4.9}$}
$$

Jeder Spieler P_i wird nun versuchen, die i-te Gleichung dieses Systems so gut wie möglich zu lösen, d.h. die Funktion $\tilde{\varphi}_i^T$ auf der Menge U^T zum Minimum zu machen. Das ist aber nicht simultan möglich. Als Kompromißlösung versuchen die Spieler daher, ein n-Tupel $(u^*_{T1}, \ldots, u^*_{Tn}) \in U^T$ zu finden mit

$$\tilde{\varphi}^T_i(u^*_{T1}, \ldots, u^*_{Tn}) \leq \tilde{\varphi}^T_i(u^*_{T1}, \ldots, u^*_{Ti-1}, u_{Ti}, u^*_{Ti+1}, \ldots, u^*_{Tn})$$

$$\text{für alle } u_{Ti} \in U^T_i = \underbrace{U_i \times \cdots \times U_i}_{T-mal} \text{ und alle } i = 1, \ldots, n. \qquad (4.10)$$

Jedes solche n-Tupel $(u^*_{T1}, \ldots, u^*_{Tn})$ heißt *Nash-Gleichgewicht* (vgl. Abschnitt 1.2.1).

Der folgende Satz sichert die Existenz von Nash-Gleichgewichten und wird genauso bewiesen wie Satz 1.10.

Satz 4.1: Annahme:

a) Für jedes $i = 1, \ldots, n$ sei die Steuerungsmenge U_i konvex und kompakt.

b) Für jedes $i = 1, \ldots, n$ sei die Vektorfunktion $g_i : I\!R^N \times I\!R^M \to I\!R^{n_i}$ in (4.1) stetig (was oben bereits vorausgesetzt wurde).

c) Für jedes n-Tupel $(u^*_{T1}, \ldots, u^*_{Tn}) \in U^T = \prod_{j=1}^{n} U^T_j$ und jedes $i = 1, \ldots, n$ gibt es genau ein

$$S_i(\underbrace{u^*_{T1}, \ldots, u^*_{Tn}}_{u^*_T}) = (u^*_{T1}, \ldots, u^*_{Ti-1}, (S_i(u^*_T))_i, u^*_{Ti+1}, \ldots, u^*_{Tn})$$

mit

$$\tilde{\varphi}^T_i(S_i(u^*_T)) \leq \tilde{\varphi}^T_i(u^*_{T1}, \ldots, u^*_{Ti-1}, u_{Ti}, u^*_{Ti+1}, \ldots, u^*_{Tn})$$

$$\text{für alle } u_{Ti} \in U^T_i.$$

Behauptung: Es existiert ein Nash-Gleichgewicht.

Genau wie in Abschnitt 1.2.1 läßt sich auch hier ein Iterationsverfahren zur Berechnung von Nash-Gleichgewichten angeben. Das Verfahren verläuft völlig analog dem dort angegebenen und soll daher nicht im Einzelnen dargestellt werden.

4.2.2 Der kooperative Fall

Wir gehen vor wie in Abschnitt 2.1, um das nicht-kooperative Spiel in Abschnitt 4.2.1 in ein kooperatives überzuführen. Zu dem Zweck setzen wir $N = \{1, \ldots, n\}$ und definieren für jede nichtleere Teilmenge $K \subseteq N$ die Auszahlungsfunktion

$$\tilde{\varphi}_K^T(u_{T1}, \ldots, u_{Tn}) = \sum_{i \in K} \tilde{\varphi}_i^T(u_{T1}, \ldots, u_{Tn}),$$

$$(u_{T1}, \ldots, u_{Tn}) \in U = \prod_{i=1}^{n} U_i.$$

Wir nehmen an, daß alle Steuerungsmengen U_i, $i = 1, \ldots, n$, kompakt und alle Funktionen $\tilde{\varphi}_i^T : U \to I\!\!R_+$ stetig sind. Sodann setzen wir

$$v(K) = \min\{\tilde{\varphi}_K^T(u_{T1}, \ldots, u_{Tn}) \mid (u_{T1}, \ldots, u_{Tn}) \in U\}$$

und

$$v(\phi) = 0.$$

Dann ist $v : 2^N \to I\!\!R_+$ die Auszahlungsfunktion eines kooperativen n-Personen-Spiels. Diese Funktion ist monoton, d.h. es gilt

$$v(K) \leq v(L) \quad \text{für alle} \quad K \subseteq L \subseteq N.$$

Es erhebt sich nun die Frage, unter welchen Bedingungen für die Spieler ein Anreiz besteht, sich in einer großen Koalition N zusammen zu tun, um ihre Auszahlung so klein wie möglich zu machen. Das ist sicher der Fall, wenn es eine Aufteilung $\{x_1, \ldots, x_n\}$ von $v(N)$ gibt, d.h.

$$v(N) = \sum_{i=1}^{n} x_i \quad \text{und} \quad x_i \geq 0 \ \text{für} \ i = 1, \ldots, n,$$

derart, daß gilt

$$\sum_{i \in K} x_i \leq v(K) \quad \text{für} \quad K \subseteq N.$$

Insbesondere muß also gelten

$$x_i \leq v(\{i\}) \quad \text{für} \quad i = 1, \ldots, n,$$

woraus folgt, daß

$$v(N) = \sum_{i \in N} x_i \le \sum_{i \in N} v(\{i\})$$

sein muß. Andererseits ist aber

$$\sum_{i \in N} v(\{i\}) \le v(N), \quad \text{mithin} \quad v(N) = \sum_{i \in N} v(\{i\}),$$

woraus

$$x_i = v(\{i\}) \quad \text{für} \quad i = 1, \ldots, n$$

und weiter

$$\sum_{i \in K} x_i = \sum_{i \in K} v(\{i\}) \le v(K) \quad \text{für alle} \quad K \subseteq L$$

folgt.

Ergebnis: Ein Anreiz eine große Koalition zu bilden, ist genau dann gegeben, wenn gilt

$$v(N) = \sum_{i \in N} v(\{i\}). \tag{4.11}$$

In diesem Fall könnte aber auch jeder Spieler ebenso gut seine eigene Auszahlungsfunktion minimieren.

Die Vereinigung in einer großen Koalition läuft darauf hinaus, daß die Spieler die Auszahlungsfunktion

$$\tilde{\varphi}_N^T(u_{T1}, \ldots, u_{Tn}) = \sum_{i \in N} \tilde{\varphi}_i^T(u_{T1}, \ldots, u_{Tn})$$

auf der Menge $U = \prod_{i=1}^{n} U_i$ minimieren.

Nun sei $(\hat{u}_{T1}, \ldots, \hat{u}_{Tn}) \in U$ eine Lösung dieses Problems, d.h.

$$\tilde{\varphi}_N^T(\hat{u}_{T1}, \ldots, \hat{u}_{Tn}) \le \tilde{\varphi}_N^T(u_{T1}, \ldots, u_{Tn}) \quad \text{für alle} \quad (u_{T1}, \ldots, u_{Tn}) \in U. \tag{4.12}$$

Dann ist $(\hat{u}_{T1}, \ldots, \hat{u}_{Tn})$ ein sog. *Pareto-Optimum*, d.h. es gilt die folgende Implikation

$$\tilde{\varphi}_i^T(u_{T1}, \ldots, u_{Tn}) \le \tilde{\varphi}_i^T(\hat{u}_{T1}, \ldots, \hat{u}_{Tn}) \text{ für ein } (u_{T1}, \ldots, u_{Tn}) \in U \text{ und alle}$$

$$i = 1, \ldots, n \text{ impliziert } \tilde{\varphi}_i^T(u_{T1}, \ldots, u_{Tn}) = \tilde{\varphi}(\hat{u}_{T1}, \ldots, u_{Tn}) \text{ für alle } i \in N.$$

Aus der Annahme folgt nämlich

$$\tilde{\varphi}_N^T(u_{T1}, \ldots, u_{Tn}) \leq \tilde{\varphi}_N^T(\hat{u}_{T1}, \ldots, \hat{u}_{Tn}),$$

$$\text{mithin} \quad \tilde{\varphi}_N^T(u_{T1}, \ldots, u_{Tn}) = \tilde{\varphi}_N^T(\hat{u}_{T1}, \ldots, \hat{u}_{Tn}),$$

was nur möglich ist, wenn die Conclusio besteht.

Unter der Annahme (4.11) ist eine Lösung $(\hat{u}_{T1}, \ldots, \hat{u}_{Tn}) \in U$ von (4.12) auch ein Nash-Gleichgewicht; denn es ist

$$v(N) = \sum_{i \in N} \tilde{\varphi}_i^T(\hat{u}_{T1}, \ldots, \hat{u}_{Tn}) = \sum_{i \in N} v(\{i\}), \qquad \cdot$$

woraus sogar für alle $i \in N$

$$\tilde{\varphi}_i^T(\hat{u}_{T1}, \ldots, \hat{u}_{Tn}) = v(\{i\}) = \min\{\tilde{\varphi}_i^T(u_{T1}, \ldots, u_{Tn}) |\ (u_{T1}, \ldots, u_{Tn}) \in U\}$$

folgt, insbesondere also

$$\tilde{\varphi}_i^T(\hat{u}_{T1}, \ldots, \hat{u}_{Tn}) \leq \tilde{\varphi}_i^T(\hat{u}_{T1}, \ldots, \hat{u}_{Ti-1}, u_{Ti}, \hat{u}_{Ti+1}, \ldots, \hat{u}_{Tn})$$

$$\text{für alle } u_{Ti} \in U_i^T = U_i \times \cdots \times U_i \text{ und alle } i \in N.$$

4.3 Ein Modell zur Reduktion der CO_2-Emission

4.3.1 Das ungesteuerte Modell

Das Modell wird beschrieben durch das folgende System von Differenzengleichungen

$$\begin{aligned}
E_i(t+1) &= E_i(t) + \sum_{j=1}^{n} em_{ij}\, M_j(t), \\
M_i(t+1) &= M_i(t) - \lambda_i\, M_i(t)(M_i^* - M_i(t))\, E_i(t)
\end{aligned} \qquad (4.13)$$

$$\text{für } i = 1, \ldots, n \text{ und } t \in I\!N_0.$$

Dabei bezeichnet $E_i(t)$ die Größe der Emissionsreduktion und $M_i(t)$ die finanziellen Mittel, die vom i-ten Akteur aufgewendet werden, zur Zeit t, $\lambda_i > 0$ ist ein Wachstumsparameter und $M_i^* > 0$ eine obere Schranke für $M_i(t)$ für $i = 1, \ldots, n$ und $t \in I\!N_0$.

Der Koeffizient em_{ij} gibt an, welche Veränderung $E_i(t+1) - E_i(t)$ eintritt, wenn der j-te Akteur eine Geldeinheit aufwendet. Daraus ergibt sich, daß gilt

$$em_{ii} > 0 \quad \text{für alle} \quad i = 1, \ldots, n,$$

denn die finanziellen Aufwendungen wirken sich auf die eigene Emissionsreduktion natürlich positiv aus.

Für die aufzuwendenden finanziellen Mittel wird ein logistisches Wachstum angenommen, das bei positiver Reduktion der Emission abnimmt. Aus der Forderung

$$0 \leq M_i(t) \leq M_i^* \quad \text{für alle} \quad i = 1, \ldots, n \quad \text{und alle} \quad t \in I\!N_0$$

ergibt sich nämlich

$$-\lambda_i M_i(t)(M_i^* - M_i(t)) \leq 0 \quad \text{für alle} \quad i = 1, \ldots, n \quad \text{und alle} \quad t \in I\!N_0.$$

Daraus folgt

$$M_i(t + 1) = \begin{cases} \geq M_i(t), & \text{falls} \quad E_i(t) \leq 0 \quad \text{ist,} \\ \leq M_i(t), & \text{falls} \quad E_i(t) \geq 0 \quad \text{ist.} \end{cases}$$

Die finanziellen Mittel steigen also, falls die Reduktion der Emission negativ ist, und fallen, falls die Reduktion positiv ist. Das Modell gewährleistet also, daß eine Verminderung der Emission zu einer Verminderung der aufzuwendenden finanziellen Mittel führt. Für $t = 0$ geben wir uns einen Anfangszustand E_{0i}, M_{0i}, $i = 1, \ldots, n$ vor, was zu den Anfangsbedingungen

$$E_i(0) = E_{0i} \quad \text{und} \quad M_i(0) = M_{0i} \quad \text{für } i = 1, \ldots, n \tag{4.14}$$

führt. Definiert man nun für jedes $i = 1, \ldots, n$ eine Zustandsvektorfunktion $x_i : I\!N_0 \to I\!R^2$ vermöge

$$x_i(t) = (E_i(t), M_i(t))^T, \ t \in I\!N_0,$$

und eine Vektorfunktion $f_i : I\!R^{2n} \to I\!R^2$ vermöge

$$f_i(x) = \begin{pmatrix} E_i + \sum\limits_{j=1}^{n} em_{ij} M_j \\ M_i - \lambda_i M_i(M_i^* - M_i) E_i \end{pmatrix}, \ x = (x_1^T, \ldots, x_n^T)^T,$$

so kann man (4.13) umschreiben in

$$x_i(t+1) = f_i(x(t)) \quad \text{für } i = 1, \ldots, n, \tag{4.13'}$$

und mit $x_{0i} = (E_{0i}, M_{0i})^T$ lauten die Anfangsbedingungen (4.14)

$$x_i(0) = x_{0i} \quad \text{für } i = 1, \ldots, n. \tag{4.14'}$$

(4.13′) schreiben wir schließlich in Vektorform

$$x(t+1) = f(x(t)) \quad \text{für } t \in I\!N_0. \tag{4.13''}$$

Für jedes $\hat{x} = (\hat{E}^T, \theta_n^T)^T, \hat{E} \in I\!R^n$ folgt sodann

$$\hat{x} = f(\hat{x}),$$

d.h. $\hat{x}$ ist ein Fixpunkt der Abbildung $f : I\!R^{2n} \to I\!R^{2n}$, die ein zeit-diskretes dynamisches System definiert.

Überläßt man dieses System, daß durch (4.13″) beschrieben wird, sich selbst, so wird es im allgemeinen nicht einen gegebenen Anfangszustand $x_0 = (E_0^T, M_0^T)^T$ in einen Fixpunkt $(\hat{E}^T, \theta_n^T)^T$ überführen (auch nicht in unendlich vielen Zeitschritten).

Daher soll in das System (4.13″) steuernd eingegriffen werden. Das führt auf

4.3.2 Das gesteuerte Modell

Wir ersetzen das System (4.13) durch das System

$$\begin{aligned}
E_i(t+1) &= E_i(t) + \sum_{j=1}^{n} em_{ij}(M_j(t) + u_j(t)), \\
M_i(t+1) &= M_i(t) + u_i(t) - \lambda_i(M_i(t) + u_i(t)) \\
&\quad (M_i^* - M_i(t) - u_i(t))\, E_i(t) \\
&\quad \text{für } i = 1, \ldots, n \text{ und } t \in I\!N_0.
\end{aligned} \tag{4.15}$$

Die Steuerungsfunktionen $u_i : I\!N_0 \to I\!R$, $i = 1, \ldots, n$ müssen den Bedingungen

$$0 \leq M_i(t) + u_i(t) \leq M_i^* \quad \text{für } i = 1, \ldots, n \text{ und } t \in I\!N_0 \tag{4.16}$$

genügen. Damit erhalten wir das folgende

Problem der Steuerbarkeit: Zu vorgegebener Zeit $T \in I\!N$ werden Steuerungsfunktionen $u_i : I\!N_0 \to I\!R$, $i = 1, \ldots, n$ mit (4.16) für $t = 0, \ldots, T - 1$ und

$$M_i(t) + u_i(t) = 0 \text{ für } i = 1, \ldots, n \text{ und } t \geq T$$

gesucht derart, daß die Lösung $(E(t)^T, M(t)^T)^T$, $t \in I\!N_0$, von (4.15) unter den Anfangsbedingungen (4.14) die Endbedingungen

$$E_i(T) = \hat{E}_i \text{ und } M_i(T) = 0, \ i = 1, \ldots, n,$$

erfüllen, was

$$E_i(t) = \hat{E}_i \text{ und } M_i(t) = 0 \text{ für } i = 1, \ldots, n \text{ und } t \geq T$$

impliziert.

Definiert man eine Vektorfunktion $v : I\!N_0 \geq I\!R^n$ durch

$$v_i(t) = M_i(t) + u_i(t), \ i = 1, \ldots, n, \ t \in I\!N_0,$$

so kann man für die ersten n Gleichungen in (4.15) in Matrix-Vektor-Form schreiben

$$E(t + 1) = E(t) + Cv(t), \ t \in I\!N_0, \tag{4.17}$$

wobei $C = (em_{ij})_{i,j=1,\ldots,n}$. Ferner erhalten wir die Anfangsbedingung

$$E(0) = E_0 \tag{4.18}$$

und als Endbedingung

$$E(T) = \hat{E}. \tag{4.19}$$

Hinzu kommen noch die Nebenbedingungen

$$\theta_n \leq v(t) \leq M^* = (M_1^*, \ldots, M_n^*)^T$$
$$\text{für } t \in \{0, \ldots, T - 1\}. \tag{4.20}$$

Aus (4.17) und (4.18) ergibt sich

$$E(T) = E_0 + C\left(\sum_{t=0}^{T-1} v(t)\right).$$

Wir nehmen an, C sei invertierbar, und C^{-1} sei positiv. Ferner sei $\hat{E} \geq E_0$. Dann gilt (4.19) genau dann, wenn

$$\sum_{t=0}^{T-1} v(t) = C^{-1}(\hat{E} - E_0) \geq \theta_n$$

ist. Definiert man

$$v(t) = \theta_n \quad \text{für alle } t \geq T,$$

dann ist

$$E(t) = \hat{E} \quad \text{für alle } t \geq T.$$

Wir setzen

$$v_T = \sum_{t=0}^{T-1} v(t) = C^{-1}(\hat{E} - E_0). \tag{4.21}$$

Wenn wir dann definieren

$$v(t) = \frac{1}{T} v_T \quad \text{für } t = 0, \ldots, T - 1, \tag{4.22}$$

ist

$$\sum_{t=0}^{T-1} v(t) = C^{-1}(\hat{E} - E_0),$$

und (4.20) ist erfüllt für genügend großes T, sofern gilt

$$M_i^* > 0 \quad \text{für alle } i = 1, \ldots, n.$$

Wir wollen das noch an einem Beispiel demonstrieren: Sei $n = 3$, $E_0 = (0, 0, 0)^T$, $\hat{E} = (10, 10, 10)^T$, $M^* = (1, 1, 1)^T$ und

$$C = \begin{pmatrix} 1 & -0.8 & 0 \\ 0 & 1 & -0.8 \\ -0.1 & -0.5 & 1 \end{pmatrix} \quad (C^{-1} \text{ existiert und ist positiv}).$$

Für v_T nach (4.21) erhalten wir das lineare Gleichungssystem

$$\begin{array}{rcrcrcl} v_{T_1} & - & 0.8 v_{T_2} & & & = & 10, \\ & & v_{T_2} & - & 0.8 v_{T_3} & = & 10, \\ -\ 0.1 v_{T_1} & - & 0.5 v_{T_2} & + & v_{T_3} & = & 10 \end{array}$$

mit den Lösungen

$$v_{T1} = 38.059701,$$
$$v_{T2} = 35.074627,$$
$$v_{T3} = 31.343284.$$

Wählt man $T = 39$, dann ergibt sich aus (4.22)

$$v(t) = \frac{1}{T}\, v_T = \begin{pmatrix} 0.9758898 \\ 0.8993494 \\ 0.803674 \end{pmatrix} \quad \text{für} \quad t = 0, \ldots, 38.$$

Wir kehren zum allgemeinen Fall zurück. Sei $M_i : I\!N_0 \to I\!R$ für jedes $i = 1, \ldots, n$ die Lösung von

$$M_i(0) = M_{0i}$$

und

$$M_i(t + 1) = v_i(t) + \lambda_i\, v_i(t)(M_i^* - v_i(t))\, E_i(t).$$

Dann folgt

$$M_i(t) = 0 \text{ für alle } i = 1, \ldots, n \text{ und } t \geq T.$$

Definiert man dann Steuerungsfunktionen $u_i : I\!N_0 \to I\!R$ für $i = 1, \ldots, n$ vermöge

$$u_i(t) = v_i(t) - M_i(t), \ t \in I\!N_0,$$

so sind die Bedingungen (4.15), (4.16) erfüllt.

Weiter gilt

$$M_i(t) + u_i(t) = 0 \text{ für } i = 1, \ldots, n \text{ und } t \geq T,$$

und wir haben eine Lösung des Problems der Steuerbarkeit gewonnen.

4.3.3 Kostenminimale Steuerung

4.3.3.1 Nicht-kooperative Behandlung

In Abschnitt 4.3.2 haben wir gezeigt, daß die Akteure in einem gesteuerten Emissionsreduktionsmodell zur Lösung des Steuerungsproblems eine Vektorfunktion $v : I\!N_0 \to I\!R^n$ zu finden haben mit

$$\theta_n \leq v(t) \leq M^* \text{ für } t = 0, \ldots, T - 1,$$
$$v(t) = \theta_n \text{ für } t \geq T \text{ (für ein gewisses } T \in I\!N)$$

$$(4.23)$$

derart, daß gilt

$$C(\sum_{t=0}^{T-1} v(t)) = \hat{E} - E_0, \quad C = (em_{ij})_{i,j=1,\ldots,n}.$$

Wir ersetzen diese Bedingung durch

$$C(\sum_{t=0}^{T-1} v(t)) \geq \hat{E} - E_0 \qquad (4.24)$$

und vernachlässigen die Bedingung

$$v(t) \leq M^* \quad \text{für} \quad t = 0,\ldots,T-1.$$

Wenn wir setzen

$$c_{ij} = em_{ij}, \ i,j = 1,\ldots,n, \ x = \sum_{t=0}^{T-1} v(t), \ b = \hat{E} - E_0,$$

dann kann (4.24) auch in der Form

$$\sum_{j=1}^{n} c_{ij} x_j \geq b_i, \ i = 1,\ldots,n, \qquad (4.25)$$

geschrieben werden, und wir haben einen Vektor $x \in I\!R^n$ mit

$$x_i \geq 0 \quad \text{für} \quad i = 1,\ldots,n \qquad (4.26)$$

zu finden derart, daß die Ungleichungen (4.25) erfüllt sind.

Nun ist jeder Spieler daran interessiert, seine Kosten $x_i = \sum_{t=0}^{T-1} v_i(t)$ zu minimieren. Das ist aber im allgemeinen nicht simultan möglich, es sei denn, es wäre $b_i \geq 0$, $c_{ii} > 0$ für alle $i = 1,\ldots,n$, $c_{ij} \leq 0$ für alle $i \neq j$ und

$$\sum_{i=1}^{n} c_{ii} > 0 \quad \text{für} \quad i = 1,\ldots,n$$

(vgl. dazu Abschnitt 3.1).

Die Akteure versuchen daher, ihre Gesamtkosten

$$s(x) = \sum_{j=1}^{n} x_j \tag{4.27}$$

unter den Nebenbedingungen (4.25), (4.26) zu minimieren.

Das ist ein typisches Problem der linearen Optimierung.

Sei $\hat{x} \in I\!\!R^n$ eine Lösung dieses Problems. Wählt man dann für jedes $i \in \{1, \ldots, n\}$ ein $x_i \geq 0$ derart, daß gilt

$$\sum_{j=1}^{n} c_{kj}\, \hat{x}_j \geq b_k \ \ \text{für} \ \ k = 1, \ldots, n,$$

so folgt

$$\sum_{j=1}^{n} \hat{x}_j \leq \sum_{\substack{j=1 \\ j \neq i}}^{n} \hat{x}_j + x_i$$

und somit $\hat{x}_i \leq x_i$.

Daher ist jede Lösung von (4.25), (4.26), die (4.27) minimiert, ein Nash-Gleichgewicht.

Das zu dem obigen Problem duale Problem besteht darin,

$$t(y) = \sum_{i=1}^{n} b_i\, y_i, \ y \in I\!\!R^n, \tag{4.28}$$

zu maximieren unter den Nebenbedingungen

$$\sum_{i=1}^{n} c_{ij}\, y_i \leq 1, \ j = 1, \ldots, n \tag{4.29}$$

und

$$y_i \geq 0, \ i = 1, \ldots, n. \tag{4.30}$$

Dieses Problem besitzt eine zulässige Lösung, nämlich $y = \theta_n$.

Für das Folgende nehmen wir an, daß es ein $x \in I\!\!R^n$ mit (4.25), (4.26) gibt. Nach Satz 5.6 gibt es daher eine Lösung $\hat{x} \in I\!\!R^n$ des Problems und eine Lösung $\hat{y} \in I\!\!R^n$ des dualen Problems, und es ist

$$s(\hat{x}) = t(\hat{y}),$$

was gleichbedeutend ist mit den beiden Implikationen

$$\hat{x}_j > 0 \;\Longrightarrow\; \sum_{i=1}^{n} c_{ij}\,\hat{y}_i = 1,$$
$$\hat{y}_i > 0 \;\Longrightarrow\; \sum_{j=1}^{n} c_{ij}\,\hat{x}_j = b_i.$$

$$\text{(CSL)}$$

Führt man Schlupfvariable

$$z_j \geq 0,\; j = 1,\ldots,n, \tag{4.31}$$

ein, so kann man (4.29) auch schreiben in der Form

$$z_j + \sum_{i=1}^{n} c_{ij}\,y_i = 1,\; j = 1,\ldots,n, \tag{4.32}$$

und das duale Problem ist äquivalent mit der Maximierung von

$$\sum_{j=1}^{n} 0 \cdot z_j + \sum_{i=1}^{n} b_i\,y_i$$

unter den Nebenbedingungen (4.30), (4.31), (4.32).

Dieses Problem kann unmittelbar mit Hilfe der Simplex-Methode gelöst werden, beginnend mit der zulässigen Basislösung

$$z_j = 1 \text{ für } j = 1,\ldots,n \text{ und } y_i = 0 \text{ für } i = 1,\ldots,n.$$

Wir nehmen an, daß nach $s \leq n$ Simplex-Schritten eine Lösung erreicht worden ist. Das Resultat können wir in folgender Form annehmen

$$\begin{pmatrix} y_1 \\ \vdots \\ y_s \\ z_{s+1} \\ \vdots \\ z_n \end{pmatrix} = \begin{pmatrix} d_1 \\ \vdots \\ d_s \\ d_{s+1} \\ \vdots \\ d_n \end{pmatrix} + D \begin{pmatrix} -z_1 \\ \vdots \\ -z_s \\ -y_{s+1} \\ \vdots \\ -y_n \end{pmatrix},$$

wobei

$$D = \begin{pmatrix} d_{11} & \cdots & d_{1s} & d_{1s+1} & \cdots & d_{1n} \\ \vdots & & \vdots & \vdots & & \\ d_{s1} & \cdots & d_{ss} & d_{ss+1} & \cdots & d_{sn} \\ d_{s+11} & \cdots & d_{s+1s} & d_{s+11s+1} & \cdots & d_{s+1n} \\ \vdots & & \vdots & \vdots & & \\ d_{n1} & \cdots & d_{n3} & d_{ns+1} & \cdots & d_{nn} \end{pmatrix}.$$

$$\sum_{j=1}^{n} b_j\, y_j = \sum_{j=1}^{s} b_j\, d_j + \sum_{k=1}^{s}\Big(\sum_{j=1}^{s} d_{jk}\, b_j\Big)(-z_k) + \sum_{k=s+1}^{n}\Big(\sum_{j=1}^{s} d_{jk}\, b_j\Big)(-y_k)$$

mit

$$d_j \geq 0 \ \ \text{für} \ \ j = 1, \ldots, n$$

und

$$\sum_{j=1}^{s} d_{jk}\, b_j \geq 0 \ \ \text{für} \ \ k = 1, \ldots, n.$$

Die entsprechende Lösung des dualen Problems ist gegeben durch

$$\hat{y}_j = d_j \ \text{für} \ j = 1, \ldots, s \ \text{und} \ \hat{y}_j = 0 \ \text{für} \ j = s+1, \ldots, n.$$

Weiter ist

$$d_j + \sum_{i=1}^{n} c_{ij}\, \hat{y}_i = 1 \ \ \text{für} \ \ j = s+1, \ldots, r.$$

Wir nehmen an, daß gilt

$$d_j > 0 \ \ \text{für alle} \ \ j = 1, \ldots, s.$$

Ist dann $\hat{x} \in I\!\!R^n$ eine Lösung des Problems, so folgt aus (CSL)

$$\sum_{j=1}^{s} c_{ij}\, \hat{x}_j = b_i \ \ \text{für} \ \ i = 1, \ldots, s.$$

Ist die Matrix

$$C_s = \begin{pmatrix} c_{11} & \cdots & c_{1s} \\ \vdots & & \vdots \\ c_{s1} & \cdots & c_{ss} \end{pmatrix}$$

invertibel, so folgt

$$C_s^{-1} = \begin{pmatrix} d_{11} & \cdots & d_{s1} \\ \vdots & & \\ d_{1s} & \cdots & d_{ss} \end{pmatrix}$$

was für $\hat{x}^s = (\hat{x}_1, \ldots, \hat{x}_s)^T$ impliziert, daß gilt

$$\hat{x}^s = \begin{pmatrix} d_{11} & \cdots & d_{s1} \\ \vdots & & \vdots \\ d_{1s} & \cdots & d_{ss} \end{pmatrix} \begin{pmatrix} b_1 \\ \vdots \\ b_s \end{pmatrix},$$

mithin

$$\hat{x}_k = \sum_{j=1}^{s} d_{jk}\, b_j \quad \text{für} \quad k = 1, \ldots, s$$

und

$$\hat{x}_k = 0 \quad \text{für} \quad k = s+1, \ldots, n.$$

Als nächstes wollen wir eine direkte Methode zur iterativen Berechnung eines Nash-Gleichgewichtes angeben, der die Definition eines solchen zugrundeliegt: $\hat{x} \in I\!R^n$ mit $\hat{x} \geq \theta_n$ und

$$\sum_{j=1}^{n} c_{ij}\, \hat{x}_j \geq b_i, \quad i = 1, \ldots, n, \tag{4.33}$$

heißt Nash-Gleichgewicht, wenn für jedes $i \in \{1, \ldots, n\}$

$$\sum_{\substack{j=1 \\ j \neq i}}^{n} c_{kj}\, \hat{x}_j + c_{ki}\, x_i \geq b_k, \quad k = 1, \ldots, n, \quad x_i \geq 0$$

folgt, daß $\hat{x}_i \leq x_i$ ist.

Wir beginnen mit einem Vektor $x^0 \geq \theta_n$, der (4.33) mit x^0 anstelle von $\hat{x}$ erfüllt, und konstruieren eine Folge $(x^L)_{L \in I\!N_0}$ mit $L = \ell \cdot n + i$, $\ell \in I\!N_0$, $i = 1, \ldots, n-1$ in der folgenden Weise: Ist $x^L \geq \theta_n$ mit (4.33) für x^L anstelle von $\hat{x}$ vorgegeben, dann minimieren wir $x_i \in I\!R$ mit $x_i \geq 0$ und

$$\sum_{\substack{j=1 \\ j \neq i}}^{n} c_{kj}\, x_j^L + c_{ki}\, x_i \geq b_k, \quad k = 1, \ldots, n. \tag{4.34}$$

Dieses Problem hat eine Lösung $x_i^* \geq 0$, die explizit angegeben werden kann, wenn alle $c_{ii} > 0$ sind für $i = 1, \ldots, n$, wie wir später sehen werden, und für welche gilt: $x_i^* \leq x_i^L$. Wenn wir definieren

$$x_j^{L+1} = \begin{cases} x_j^L & \text{für } j \neq i, \\ x_j^* & \text{für } j = i, \end{cases}$$

wobei

$$L + 1 = \begin{cases} (\ell + 1) \cdot n, & \text{wenn } i = n - 1, \\ \ell \cdot n + i + 1, & \text{wenn } i < n - 1, \end{cases}$$

dann ist $x^{L+1} \geq \theta_n$, genügt (4.33) mit x^{L+1} anstelle von $\hat{x}$ und $x^{L+1} \leq x^L$. Letzteres impliziert die Existenz von

$$(\theta_n \leq)\hat{x} = \lim_{L \to \infty} x^L \leq x^L \text{ für alle } L \in I\!N_0,$$

und $\hat{x}$ erfüllt (4.33).

Behauptung: Gilt

$$c_{ii} > 0 \text{ für alle } i \in \{1, \ldots, n\} \text{ und } c_{ij} \leq 0 \text{ für alle } i \neq j,$$

so ist $\hat{x}$ ein Nash-Gleichgewicht.

Beweis: Angenommen, $\hat{x}$ sei kein Nash-Gleichgewicht. Dann gibt es ein $i \in \{1, \ldots, n\}$ und ein $x_i \geq 0$ derart, daß gilt

$$\sum_{\substack{j=1 \\ j \neq i}}^{n} c_{kj}\,\hat{x}_j + c_{ki}\,x_i \geq b_k, \quad k = 1, \ldots, n,$$

und $x_i < \hat{x}_i$. Das impliziert

$$\sum_{\substack{j=1 \\ j \neq i}}^{n} c_{ij}\,\hat{x}_j + c_{ii}\,\hat{x}_i > b_i. \tag{4.35}$$

Definieren wir eine Teilfolge $(L_\ell)_{\ell \in I\!N_0}$ mit $L_\ell = \ell \cdot n + i$, dann erhalten wir

$$\sum_{\substack{j=1 \\ j \neq i}}^{n} c_{kj}\,x_j^{L_\ell} + c_{ki}\,x^{L_\ell + 1} \geq b_k$$

für alle $k = 1, \ldots, n$ und $\ell \in I\!N_0$.

Insbesondere folgt

$$\sum_{\substack{j=1 \\ j \neq i}}^{n} c_{ij}\, x_j^{L_\ell} + c_{ii}\, x_i^{L_\ell+1} = b_i \quad \text{für alle } \ell \in I\!N_0$$

(da sonst $x_i^{L_\ell+1}$ kleiner gewählt werden könnte), woraus folgt

$$\sum_{\substack{j=1 \\ j \neq i}}^{n} c_{ij}\, \hat{x}_j + c_{ii}\, \hat{x}_i = b_i,$$

ein Widerspruch gegen (4.35), der den Beweis beendet.

Um $x_i \geq 0$ unter den Nebenbedingungen (4.34) zu minimieren, gehen wir folgendermaßen vor:

1. Ist $x_i^L = 0$, so setzen wir $x_i^* = 0$ und sind fertig.

2. Ist $x_i^L > 0$ und

$$\sum_{\substack{j=1 \\ j \neq i}}^{n} c_{ij}\, x_j^L + c_{ii}\, x_i^L = b_i,$$

   so setzen wir $x_i^* = x_i^L$ und sind fertig.

3. Ist $x_i^L > 0$ und

$$\sum_{\substack{j=1 \\ j \neq i}}^{n} c_{ij}\, x_j^L + c_{ii}\, x_i^L > b_i,$$

   so gibt es zwei Fälle:

3a) Es gibt ein $k \neq i$ mit

$$c_{ki} > 0 \quad \text{und} \quad \sum_{\substack{j=1 \\ j \neq i}}^{n} c_{kj}\, x_j^L + c_{ki}\, x_i^L = b_k.$$

   Dann setzen wir $x_i^* = x_i^L$ und sind fertig.

3b) Es gilt

$$c_{ki} \leq 0 \quad \text{für alle} \quad k \in I(x^L),$$

wobei

$$I(x^L) = \{k|\ \sum_{\substack{j=1 \\ j \neq i}}^{n} c_{kj}\, x_j^L + c_{ki}\, x_i^L = b_k\}.$$

Sei $J(L)$ das Komplement von $I(x^L)$, d.h.

$$J(L) = \{k|\ \sum_{\substack{j=1 \\ j \neq i}}^{n} c_{kj}\, x_j^L + c_{ki}\, x_i^L > b_k\}.$$

Nun sei $h_i \leq x_i^L$ derart, daß gilt

$$\sum_{\substack{j=1 \\ j \neq i}}^{n} c_{kj}\, x_j^L + c_{ki}(x_i^L - h_i) \geq b_k \quad \text{für} \quad k = 1, \ldots, n.$$

Dann ist

$$h_i \leq \frac{1}{c_{ki}}\, (\sum_{\substack{j=1 \\ j \neq i}}^{n} c_{kj}\, x_j^L + c_{ki}\, x_i^L - b_k) = \alpha_k^L$$

$$\text{für alle } k \in J(L) \text{ mit } c_{ki} > 0.$$

Wenn wir dann setzen $x_i^* = x_i^L - h_i$, wobei

$$h_i = \min(x_i^L, \min\{\alpha_k^L|\ k \in J(L) \ \text{und} \ c_{ki} > 0\}),$$

dann ist $0 \leq x_i^* \leq x_i^L$, und x_i^* ist die kleinste nicht-negative Zahl, die den Bedingungen (4.34) genügt.

Gilt insbesondere

$$c_{kj} \leq 0 \quad \text{für alle} \quad j \neq k,$$

so erhalten wir im Falle

$$\sum_{\substack{j=1 \\ j \neq i}}^{n} c_{ij}\, x_j^L + c_{ii}\, x_i^L > b_i,$$

daß gilt $h_i = \min(x_i^L, \alpha_i^L)$, wobei

$$\alpha_i^L = \frac{1}{c_{ii}} \Big(\sum_{\substack{j=1 \\ j \neq i}}^{n} c_{ij}\, x_j^L + c_{ii}\, x_i^L - b_i \Big),$$

was

$$\sum_{\substack{j=1 \\ j \neq i}}^{n} c_{ij}\, x_j^L + c_{ii}\, x_i^* = b_i \quad \text{impliziert.}$$

Wir demonstrieren das an dem folgenden Beispiel:

Wir wählen

$$C = \begin{pmatrix} 1.667 & -0.875 & -0.792 \\ -0.792 & 1.667 & -0.875 \\ -0.167 & -0.167 & 0.333 \end{pmatrix} \times 10^{-2} \quad \text{und} \quad b = \begin{pmatrix} -0.3459 \\ -0.1083 \\ 0.0498 \end{pmatrix}.$$

Wir beginnen mit $x^0 = (0, 2, 16)^T$, wofür $Cx^0 \geq b$ erfüllt ist. Damit erhalten wir die Folge

$$
\begin{aligned}
x_1^1 &= 0, & x_2^1 &= 2 & , & & x_3^1 &= 16 & ; \\
x_1^2 &= 0, & x_2^2 &= 1.9016197, & & x_3^2 &= 16 & & ; \\
x_1^3 &= 0, & x_2^3 &= 1.9016197, & & x_3^3 &= 15.90862 &&; \\
x_1^4 &= 0, & x_2^4 &= 1.9016197, & & x_3^4 &= 15.90862 &&; \\
x_1^5 &= 0, & x_2^5 &= 1.8536548, & & x_3^5 &= 15.90862 &&; \\
x_1^6 &= 0, & x_2^6 &= 1.8536548, & & x_3^6 &= 15.884566&; \\
x_1^7 &= 0, & x_2^7 &= 1.8536548, & & x_3^7 &= 15.884566&; \\
x_1^8 &= 0, & x_2^8 &= 1.8410289, & & x_3^8 &= 15.884566&; \\
x_1^9 &= 0, & x_2^9 &= 1.8410289, & & x_3^9 &= 15.878234&.
\end{aligned}
$$

Die Folgen $(x_2^L, x_3^L)_{L \in \mathbb{N}_0}$ konvergieren gegen die Lösungen x_2 und x_3 des linearen Gleichungssystems

$$
\begin{aligned}
0.01667\, x_2 - 0.00857\, x_3 &= -0.1083, \\
-0.00167\, x_2 + 0.00333\, x_3 &= 0.0498
\end{aligned}
$$

und sind näherungsweise gegeben durch

$$x_2 = 1.8365109 \quad \text{und} \quad x_3 = 15.875959.$$

4.3.3.2   Kooperative Behandlung

Wir nehmen an, daß wir eine Vektorfunktion $v : I\!N_0 \to I\!R^n$ mit (4.23), (4.24) gefunden haben. Dann sind die zugehörigen Kosten gegeben in der Form

$$
\begin{aligned}
M_i(t+1) \;&=\; v_i(t) - \lambda_i\, v_i(t)(M_i^* - v_i(t))\, E_i(t) \\
&=\; v_i(t) - \lambda_i\, v_i(t)(M_i^* - v_i(t))\Big(E_i(t-1) + \sum_{j=1}^{n} em_{ij}\, v_j(t-1)\Big)
\end{aligned}
$$

für $i = 1, \ldots, n$ und $t \in I\!N$.

Nun sei K eine Teilmenge von $N = \{1, \ldots, n\}$ und für jedes $t \in \{1, \ldots, T-1\}$ sei $C^K(t-1) = (c_{ij}^K(t-1))_{i,j=1,\ldots,n}$ eine nicht-negative $n \times n$-Matrix mit

$$
\begin{aligned}
c_{ii}^K(t-1) &= 0 \quad \text{für} \quad i = 1, \ldots, n \\
c_{ij}^K(t-1) &> 0 \quad \text{für} \quad i, j \in K.
\end{aligned}
$$

Wenn für für jedes $t \in \{1, \ldots, T-1\}$ definieren

$$
\tilde{c}_{ij}^K(t-1) = em_{ij} + c_{ij}^K(t-1)
$$

und

$$
\tilde{c}_{ij}^K(t-1) = em_{ij} \quad \text{für} \quad i, j = 1, \ldots, n,
$$

so folgt

$$
\sum_{t=1}^{T} \tilde{C}^K(t-1)v(t-1) \geq C\Big(\sum_{t=0}^{T-1} v(t)\Big) \geq \hat{E} - E_0.
$$

Daher ist die Bedingung (4.24) ebenfalls erfüllt, wenn wir für jedes $t \in \{0, \ldots, T-1\}$ die Matrix C durch die Matrix $\tilde{C}^K(t) = (\tilde{c}_{ij}^K(t))_{i,j=1,\ldots,n}$ ersetzen. Die gesteuerten Kosten sind dann gegeben durch

$$
M_i^k(t+1) = v_i(t) - \lambda_i\, v_i(t)(M_i^* - v_i(t))\Big(E_i(t-1) + \sum_{j=1}^{n} \tilde{c}_{ij}^K(t-1)\, v_j(t-1)\Big)
$$

für $i = 1, \ldots, n$ und $t = 1, \ldots, T-1$, und es folgt

$$
M_i^K(t+1) \leq M_i(t+1) \quad \text{für alle } i = 1, \ldots, n \text{ und } t = 1, \ldots, T-1.
$$

Definieren wir für jedes $K \subseteq N$ und jedes $t \in \{1, \ldots, T-1\}$

$$v_t(K) = \sum_{i=1}^{n} \left(M_i(t+1) - M_i^K(t+1) \right)$$

$$= \sum_{i=1}^{n} \lambda_i \, v_i(t)(M_i^* - v_i(t)) \sum_{j=1}^{n} c_{ij}^K(t-1) \, v_j(t-1),$$

dann ist

$$v_t(\phi) = 0.$$

Die Funktion $v_t : 2^N \to I\!R_+$ ist somit die Auszahlungsfunktion eines kooperativen n-Personen-Spiels.

Ist $i \notin K$, so ist $c_{ij}^k(t-1) = 0$ für alle $j \in N$ und somit $M_i(t+1) = M_i^K(t-1)$, so daß gilt

$$v_t(K) = \sum_{i \in K} \left(M_i(t+1) - M_i^K(t+1) \right).$$

Insbesondere ist

$$v_t(N) = \sum_{i=1}^{n} \left(M_i(t+1) - M_i^N(t+1) \right).$$

Bezeichnen wir den Gewinn des i-ten Spielers, wenn er sich der Koalition K anschließt, mit

$$v_t^i(K) = M_i(t+1) - M_i^K(t+1) = \lambda_i \, v_i(t)(M_i^* - v_i(t)) \sum_{j=1}^{n} c_{ij}^K(t-1) \, v_j(t-1),$$

so folgt

$$v_t(K) = \sum_{i \in K} v_t^i(K).$$

Nehmen wir an, daß gilt

$$v_t(N) \geq v_t(K) \quad \text{für alle} \quad K \subseteq N,$$

so führt die große Koalition zu dem größten gemeinsamen Gewinn. Das ist aber erst dann ein Anreiz zur Bildung einer großen Koalition, wenn der Core des Spieles (N, v_t) nichtleer ist.

Eine einfache Bedingung dafür ist gegeben durch

$$\sum_{j=1}^{n} c_{ij}^{K}(t-1)\, v_j(t-1) \leq \sum_{j=1}^{n} c_{ij}^{N}(t-1)\, v_j(t-1)$$

$$\text{für } i = 1, \ldots, n \text{ und } K \subseteq N.$$

Aus dieser Bedingung folgt nämlich

$$v_t^i(K) \leq v_t^i(N) \text{ für } i = 1, \ldots, n \text{ und } K \subseteq N.$$

Setzen wir dann

$$x_i = v_t^i(N) \ \text{ für } \ i = 1, \ldots, n,$$

so folgt

$$\sum_{i \in N} x_i = v_t(N)$$

und

$$\sum_{i \in K} x_i \geq v_t(K) \ \text{ für alle } \ K \subseteq N,$$

d.h., $(x_1, \ldots, x_n)^T$ ist im Core von (N, v_t).

4.4 Dynamische Evolutionsspiele

Wir gehen von einem Evolutions-Matrix-Spiel, wie in Abschnitt 1.1.6 beschrieben, aus und nehmen an, daß für die Auszahlungsmatrix $A = (a_{ij})$ die folgenden beiden Bedingungen erfüllt sind:

$$a_{ij} \geq 0 \ \text{ für } \ i, j = 1, \ldots, n$$

und

$$u\, A\, u^T > 0 \ \text{ für alle } \ u \in \Delta,$$

wobei

$$\Delta = \{u = (u_1, \ldots, u_n) \mid 0 \leq u_i \leq 1, \ i = 1, \ldots, n, \ \sum_{i=1}^{n} u_i = 1\}$$

ist. Wir nehmen jetzt an, daß dieses Spiel einer zeitdiskreten Dynamik unterliegt, gemäß der sich die Populationszustände wie folgt ändern: Sei $u^k =$

$(u_1^k, \ldots, u_n^k) \in \Delta$ der Populationszustand in der k-ten Generation, und sei r_i^k die durchschnittliche Anzahl der Nachkommen der Individuen in der k-ten Generation, die die Strategie I_i spielen. Dann gilt für die nächste Generation

$$u_i^{k+1} = \frac{r_i^k \, u_i^k}{\sum\limits_{j=1}^{n} r_j^k u_j^k}, \ i = 1, \ldots, n.$$

Offensichtlich hängt r_i^k von der durchschnittlichen Auszahlung an das I_i-Individuum ab, welche gegeben ist durch $e_i \, A(u^k)^T$. Nehmen wir an, daß gilt

$$r_i^k = c \cdot e_i \, A(u^k)^T, \ i = 1, \ldots, n,$$

mit einer positiven Konstante c, so ergibt sich

$$u_i^{k+1} = \frac{ce_iA(u^k)^T}{c\sum\limits_{j=1}^{n} e_jA(u^k)^Tu_j^k} \, u_i^k = \frac{e_iA(u^k)^T}{u^kA(u^k)^T} \, u_i^k, \ i = 1, \ldots, n.$$

Offensichtlich folgt aus: $u^k \in \Delta$, daß auch $u^{k+1} \in \Delta$ ist. Definieren wir daher eine Abbildung $f_A : \Delta \to \Delta$ vermöge

$$f_A(u)_i = \frac{e_i \, A \, u^T}{u \, A \, u^T} \, u_i \ \text{ für } i = 1, \ldots, n \text{ und } u \in \Delta,$$

so folgt

$$f_A(u^*) = u^*$$

genau dann, wenn gilt

$$e_i \, A \, u^{*T} = u^* \, A \, u^{*T} \ \text{ für alle } \ i \in S(u), \tag{4.36}$$

wobei

$$S(u) = \{i \mid u_i > 0\}$$

ist. In Abschnitt 1.1.6 haben wir gezeigt, daß diese Bedingung notwendig dafür ist, daß $u^* \in \Delta$ ein evolutionsstabiles Nash-Gleichgewicht ist. Daraus folgt, daß $u^* \in \Delta$ ein Fixpunkt von f_A ist, wenn u^* ein evolutionsstabiles Nash-Gleichgewicht ist. Das gilt sogar, wenn u^* ein Nash-Gleichgewicht und nicht notwendig evolutionsstabil ist.

Daraus ergibt sich die Frage, unter welcher Bedingung ein Fixpunkt von f_A ein Nash-Gleichgewicht ist. Eine erste Antwort darauf ist der

Satz 4.2: Ist $u^* \in \Delta$ ein Fixpunkt von f_A und gilt

$$u_i^* > 0 \quad \text{für alle} \quad i = 1, \ldots, n, \tag{4.37}$$

dann ist u^* ein Nash-Gleichgewicht.

Beweis: $u^* \in \Delta$ ist ein Fixpunkt von F_A, genau dann wenn (4.36) erfüllt ist. Wegen $S(u^*) = \{1, \ldots, n\}$ folgt daraus

$$u \, A \, u^{*T} = u^* A \, u^{*T} \quad \text{für alle} \quad u \in \Delta,$$

was zeigt, daß u^* ein Nash-Gleichgewicht ist.

Eine zweite Antwort auf die obige Frage gibt der

Satz 4.3: Ist $u^* \in \Delta$ ein attraktiver Fixpunkt von f_A, d.h. ein Fixpunkt, der zugleich ein Attraktor ist, so ist $u^* \in \Delta$ ein Nash-Gleichgewicht.

Beweis: Genügt u^* der Bedingung (4.37), so folgt die Behauptung aus Satz 4.2. Ist $S(u^*) \neq \{1, \ldots, n\}$, so folgt (4.36). Wenn wir dann noch zeigen, daß gilt

$$e_i \, A \, u^{*T} \leq u^* A \, u^{*T} \quad \text{für alle} \quad i \in \{1, \ldots, n\} \backslash S(u^*),$$

so folgt, daß u^* ein Nash-Gleichgewicht ist.

Wir nehmen daher an, daß für ein $k \in \{1, \ldots, n\} \backslash S(u^*)$ gilt

$$e_k \, A \, u^{*T} > u^* A \, u^{*T}. \tag{4.38}$$

Da $g(u) = e_k \, A \, u^T - u \, A \, u^T$ stetig ist, gibt es ein $\varepsilon_1 > 0$ derart, daß gilt

$$e_k \, A \, u^T > u \, A \, u^T \quad \text{für alle } u \in \Delta \text{ mit } \|u - u^*\|_2 < \varepsilon_1. \tag{4.39}$$

Da u^* ein Attraktor ist, gibt es ein $\varepsilon_2 > 0$ derart, daß gilt

$$\lim_{t \to \infty} f_A^t(u) = u^* \quad \text{für alle } u \in \Delta \text{ mit } \|u - u^*\|_2 < \varepsilon_2. \tag{4.40}$$

Daraus folgt für jedes $v \in \Delta$ mit $\|v - u^*\|_2 < \varepsilon$ die Existenz eines $T_\varepsilon \in I\!N$ derart, daß gilt

$$\|v(t) - u^*\|_2 < \varepsilon \quad \text{für alle } t \geq T_\varepsilon,$$

wobei $\varepsilon = \min(\varepsilon_1, \varepsilon_2)$ und $v(t) = f_A^t(v)$.

Aus (4.39) folgt

$$v_k(t+1) > v_k(t) > 0 \quad \text{für alle} \quad t \geq T_\varepsilon. \tag{4.41}$$

Andererseits folgt aus (4.40)

$$\lim_{t \to \infty} v_k(t) = u_k^* = 0, \quad \text{da } k \notin S(u^*),$$

ein Widerspruch gegen (4.41).

Damit ist die Annahme (4.38) falsch und Satz 4.3 bewiesen.

Die Umkehrung von Satz 4.3 ist im allgemeinen falsch, was sich durch ein Gegenbeispiel zeigen läßt (vgl. dazu [7]).

Dieses Gegenbeispiel zeigt, daß sogar ein evolutionsstabiles Nash-Gleichgewicht nicht notwendig ein attraktiver Fixpunkt von f_A ist. Es läßt sich aber der folgende Satz beweisen:

Satz 4.4: Ist ein reiner Populationszustand evolutionsstabil, so ist er ein asymptotisch stabiler Fixpunkt von f_A.

Beweis: Sei e_k für ein $k \in \{1, \ldots, n\}$ ein evolutionsstabiler Populationszustand. Dann gibt es auf Grund des letzten Resultates in Abschnitt 1.1.6 ein $\varepsilon^* > 0$ derart, daß gilt

$$u\,A\,u^T < e_k\,A\,u^T \quad \text{für alle} \quad u \in \Delta$$

$$\text{mit } u \neq e_k \text{ und } \|u - e_k\|_2 < \varepsilon^*.$$

Weiter ist e_k ein Fixpunkt von f_A, wie oben gezeigt. Um zu zeigen, daß e_k asymptotisch stabil ist, verifizieren wir die Voraussetzungen von Satz 5.8. Dazu definieren wir die Menge

$$U = \{u \in \Delta \mid \|u - e_k\|_2 < \varepsilon^*\}$$

Dann folgt

$$f_A(u)_k = \frac{e_k\,A\,u^T}{u\,A\,u^T}\,u_k \geq u_k \quad \text{für alle} \quad u \in U.$$

Definiert man nun eine stetige Funktion $V : \Delta \to I\!R$ vermöge

$$V(u) = 1 - u_k, \quad u \in \Delta,$$

dann folgt

$$V(f_A(u)) - V(u) = u_k - f_A(u)_k \leq 0 \ \text{ für alle } u \in U.$$

Damit ist V eine Lyapunov-Funktion in Bezug auf f und G. Weiter ist

$$V(u) \geq 0 \text{ für alle } u \in U \text{ und } (V(u) = 0 \iff u = e_k),$$

d.h. V ist positiv definit in Bezug auf e_k.

Schließlich ist

$$V(f_A(u)) - V(u) < 0 \text{ für alle } u \in U \text{ mit } u \neq e_k.$$

Damit sind alle Voraussetzungen von Satz 5.8 erfüllt und e_k somit ein asymptotisch stabiler Fixpunkt von f_A.

Korollar: Sei für ein $k \in \{1, \ldots, n\}$

$$a_{kk} \geq a_{jk} \ \text{ für alle } \ j = 1, \ldots, n$$

und

$$a_{kk} = a_{jk} \implies a_{ki} > a_{ji} \ \text{ für alle } \ i \neq k.$$

Dann ist (nach Abschnitt 1.1.6) e_k ein evolutionsstabiles Nash-Gleichgewicht und somit ein asymptotisch stabiler Fixpunkt von f_A.

Für evolutionsstabile Nash-Gleichgewichte $u \in \Delta$ mit $S(u) = \{1, \ldots, n\}$ läßt sich unter geeigneten Bedingungen zeigen, daß sie Attraktoren bezüglich f_A sind. Dazu beweisen wir zunächst den

Satz 4.5: Ist $u^* \in \Delta$ ein evolutionsstabiles Nash-Gleichgewicht mit $S(u^*) = \{1, \ldots, n\}$, so ist u^* das einzige solche.

Beweis: Da u^* ein Nash-Gleichgewicht mit $S(u^*) = \{1, \ldots, n\}$ ist, folgt

$$e_i A u^{*T} = u^* A u^{*T} \ \text{ für } \ i = 1, \ldots, n,$$

was

$$u A u^{*T} = u^* A u^{*T} \ \text{ für alle } \ u \in \Delta$$

impliziert. Nun sei $\hat{u} \in \Delta$ ein weiteres Nash-Gleichgewicht mit $\hat{u} \neq u^*$ und $S(\hat{u}) = \{1, \ldots, n\}$. Dann folgt ebenfalls

$$u \, A \, \hat{u}^T = \hat{u} \, A \, \hat{u}^T \quad \text{für alle} \quad u \in \Delta.$$

Daraus folgt wegen $\hat{u} \, A \, u^{*T} = u^* \, A \, u^{*T}$ und der Evolutionsstabilität von u^*, daß gilt

$$\hat{u} \, A \, \hat{u}^T < u^* \, A \, \hat{u}^T = \hat{u} \, A \, \hat{u}^T,$$

was nicht möglich ist. Damit kann es ein solches $\hat{u}$ nicht geben und $\hat{u}$ ist das einzige evolutionsstabile Nash-Gleichgewicht mit $S(u^*) = \{1, \ldots, n\}$.

Als nächstes betrachten wir zunächst den

Spezialfall: $n = 2$; $A = \begin{pmatrix} a_{11} & a_{12} \\ a_{21} & a_{22} \end{pmatrix}$.

Behauptung: Gilt $a_{11} < a_{21}$ und $a_{22} < a_{12}$, so ist

$$u^* = \left(\frac{a_{12} - a_{22}}{(a_{12} - a_{22}) + (a_{21} - a_{11})}, \frac{a_{21} - a_{11}}{(a_{12} - a_{22}) + (a_{21} - a_{11})} \right)$$

das einzige evolutionsstabile Nash-Gleichgewicht mit $S(u^*) = \{1, 2\}$.

Beweis: Es ist

$$e_1 \, A \, u^{*T} = e_2 \, A \, u^{*T} = \frac{a_{21} \, a_{12} - a_{11} \, a_{22}}{d},$$

wobei $d = (a_{12} - a_{22}) + (a_{21} - a_{11})$.

Daraus folgt, daß u^* ein Nash-Gleichgewicht ist.

Weiter ist für jedes $u \in \Delta$

$$u^* \, A \, u^T - u \, A \, u^T = (u^* - u) \, A \, u^T = d(u_1^* - u_1)^2 > 0,$$

falls $u \neq u^*$ ist. Damit ist u^* ein evolutionsstabiles Nash-Gleichgewicht und nach Satz 4.5 das einzige mit $S(u^*) = \{1, 2\}$.

Weiter erhält man

$$e_1 \, A \, u^T - u \, A \, u^T = d(u_1^2 - (1 + u_1^*) \, u_1 + u_1^*) = d(u_1 - 1)(u_1 - u_1^*) > 0$$

für alle $u \in \Delta$ mit $u_1 < u_1^*$ und

$$e_2 \, A \, u^T - u \, A \, u^T = d_1(u_1^2 - u_1^* u_1) = d \, u_1(u_1 - u_1^*) < 0$$

für alle $u \in \Delta$ mit $0 < u_1 < u_1^*$.

Damit gilt

$$e_1 \, A \, u^T > u \, A \, u^T \quad \text{und} \quad e_2 \, A \, u^T < u \, A \, u^T$$

für alle $u \in U = \{u \in \Delta \mid 0 < u_1 < u_1^*\} = \{u \in \Delta \mid u_2^* < u_2 < 1\}$.

Daraus folgt

$$0 < u_1 < f_A(u)_1 < u_1^* \text{ und } u_2^* < f_A(u)_2 < u_2 < 1 \text{ für alle } u \in U.$$

Wählt man nun $u^0 \in U$ beliebig und definiert

$$u^k = f_A^k(u^0) \quad \text{für} \quad k \in I\!N_0,$$

so folgt $u^k \in U$ für alle $k \in I\!N_0$ und wegen $u^{k+1} = f_A(u^k)$, $k \in I\!N_0$, folgt $u^k \to \hat{u} \in \bar{U}$ mit $S(\hat{u}) = \{1, 2\}$ und $\hat{u} = f_A(\hat{u})$.

Nach Satz 4.2 ist $\hat{u}$ ein Nash-Gleichgewicht, und aus dem Beweis von Satz 4.5 ergibt sich $\hat{u} = u^*$.

Die gleiche Aussage ergibt sich für

$$U = \{u \in \Delta \mid u_1^* < u_1 < 1\} = \{u \in \Delta \mid 0 < u_2 < u_2^*\},$$

wobei jetzt gilt

$$e_1 \, A \, u^T < u \, A \, u^T \text{ und } e_2 \, A \, u^T > u \, A \, u^T \text{ für alle } u \in U.$$

Wählt man daher $u^0 \in U$ beliebig und definiert

$$u^k = f_A^k(u^0) \text{ für } k \in I\!N_0,$$

so folgt $u^k \to u^*$. Damit ist gezeigt, daß u^* ein Attraktor bezüglich f_A ist.

Dieses Ergebnis gibt Anlaß zu folgendem

Satz 4.6: Sei $u^* \in \Delta$ ein evolutionsstabiles Nash-Gleichgewicht mit $S(u^*) = \{1, \ldots, n\}$. Ferner seien K, L zwei nichtleere Teilmengen von $\{1, \ldots, n\}$ mit $K \cap L = \emptyset$ und $K \cup L = \{1, \ldots, n\}$ derart, daß gilt

$$e_i \, A \, u^T > u \, A \, u^T \text{ für alle } u \in \Delta \text{ mit } 0 < u_i < u_i^* \text{ und } i \in K$$

sowie

$$e_i\, A\, u^T < u\, A\, u^T \text{ für alle } u \in \Delta \text{ mit } u_i^* < u_i < 1 \text{ und } i \in L.$$

Dann folgt für jedes $u^0 \in \{u \in \Delta \mid 0 < u_i < u_i^* \text{ für } i \in K \text{ und } u_i^* < u_i < 1 \text{ für } i \in L\} = U$

$$\lim_{k \to \infty} f_A^k(u^0) = u^*.$$

Beweis: Zunächst gilt

$$0 < u_i < f_A(u)_i < f_A(u^*)_i = u_i \text{ für alle } u \in \Delta \text{ mit } 0 < u_i < u_i^* \text{ und } i \in K$$

sowie

$$u_i^* = f_A(u^*)_i < f_A(u)_i < 1 \text{ für alle } u \in \Delta \text{ mit } u_i^* < u_i < 1 \text{ und } i \in L.$$

Wählt man nun $u^0 \in U$ beliebig und definiert

$$u^k = f_A^k(u^0) \quad \text{für} \quad k \in I\!N_0,$$

so folgt $u^k \in U$ für alle $k \in I\!N_0$ und wegen $u^{k+1} = f_A(u^k)$, $k \in I\!N_0$, folgt $u^k \to \hat{u} \in \bar{U}$ mit $S(\hat{u}) = \{1, \ldots, n\}$ und $\hat{u} = f_A(\hat{u})$.

Nach Satz 4.2 ist $\hat{u}$ ein Nash-Gleichgewicht, und aus dem Beweis von Satz 4.5 ergibt sich $\hat{u} = u^*$, was den Beweis vollendet.

4.5 Dynamische Bi-Matrix-Spiele

Wir gehen aus von einem Bi-Matrix-Spiel mit den Auszahlungsmatrizen

$$A = (a_{ij})_{\substack{i=1,\ldots,m \\ j=1,\ldots,n}} \quad \text{und} \quad B = (b_{ij})_{\substack{i=1,\ldots,m \\ j=1,\ldots,n}}.$$

Die Mengen der gemischten Strategien seien wieder gegeben durch

$$\langle S \rangle = \{x \in I\!R^m \mid x_i \geq 0 \text{ für } i = 1, \ldots, m \text{ und } \sum_{i=1}^m x_i = 1\},$$

$$\langle T \rangle = \{y \in I\!R^n \mid y_j \geq 0 \text{ für } j = 1, \ldots, n \text{ und } \sum_{j=1}^n y_j = 1\}.$$

Wir machen die Annahme

$$a_{ij} \geq 0 \text{ und } b_{ij} \geq 0 \text{ für alle } i = 1, \ldots, m \text{ und } j = 1, \ldots, n$$

sowie

$$x^T A y > 0 \text{ und } x^T B y > 0 \text{ für alle } x \in \langle S \rangle \text{ und } y \in \langle T \rangle.$$

Unter dieser Annahme definieren wir eine Abbildung $f = (f_1, f_2) : \langle S \rangle \times \langle T \rangle \to \langle S \rangle \times \langle T \rangle$ vermöge

$$f_1(x, y)_i = \frac{e_i^T A y}{x^T A y} \, x_i \quad \text{für} \quad i = 1, \ldots, m$$

und

$$f_2(x, y)_j = \frac{x^T B e_j}{x^T B y} \, y_j \quad \text{für} \quad j = 1, \ldots, n.$$

Diese Abbildung ist stetig und besitzt daher mindestens einen Fixpunkt.

Nun sei $(\hat{x}, \hat{y}) \in \langle S \rangle \times \langle T \rangle$ ein Fixpunkt von f. Dann folgt notwendig

$$e_i^T A \hat{y} = \hat{x}^T A \hat{y} \quad \text{für alle} \quad i \in S(\hat{x}) = \{i : \hat{x}_i > 0\}$$

und
$$\hat{x}^T B e_j = \hat{x}^T B \hat{y} \quad \text{für alle} \quad j \in S(\hat{y}) = \{j : \hat{y}_j > 0\}. \tag{4.42}$$

Sind umgekehrt diese beiden Bedingungen erfüllt, so ist $(\hat{x}, \hat{y})$ ein Fixpunkt von f.

Ist $(\hat{x}, \hat{y}) \in \langle S \rangle \times \langle T \rangle$ ein Nash-Gleichgewicht, so sind die Bedingungen (4.42) erfüllt, und $(\hat{x}, \hat{y})$ ist somit ein Fixpunkt von f.

Umgekehrt gilt der

Satz 4.7: Ist $(\hat{x}, \hat{y}) \in \langle S \rangle \times \langle T \rangle$ ein Fixpunkt von f und gilt

$$S(\hat{x}) = \{1, \ldots, m\} \quad \text{sowie} \quad S(\hat{y}) = \{1, \ldots, n\}, \tag{4.43}$$

so ist $(\hat{x}, \hat{y})$ ein Nash-Gleichgewicht.

Beweis: Ist $(\hat{x}, \hat{y}) \in \langle S \rangle \times \langle T \rangle$ ein Fixpunkt von f, so sind die Bedingungen (4.42) erfüllt. Wegen (4.43) folgt daraus

$$x^T A \hat{y} = \hat{x}^T A \hat{y} \quad \text{für alle} \quad x \in \langle S \rangle$$

und

$$\hat{x}^T A\, y = \hat{x}^T A\, \hat{y} \quad \text{für alle } y \in \langle T \rangle,$$

was zeigt, daß $(\hat{x}, \hat{y})$ ein Nash-Gleichgewicht ist.

Weiter gilt der

Satz 4.8: Ist $(\hat{x}, \hat{y}) \in \langle S \rangle \times \langle T \rangle$ ein attraktiver Fixpunkt von f, d.h. ein Fixpunkt, der zugleich ein Attraktor ist, so ist $(\hat{x}, \hat{y})$ ein Nash-Gleichgewicht.

Beweis: Ist für $(\hat{x}, \hat{y})$ die Bedingung (4.43) erfüllt, so folgt die Behauptung aus Satz 4.5.

Ist $S(\hat{x}) \neq \{1, \ldots, m\}$ oder $S(\hat{y}) \neq \{1, \ldots, n\}$, so ist (4.42) erfüllt. Wenn wir dann noch zeigen, daß gilt

$$e_i^T A\, \hat{y} \leq \hat{x}^T A\, \hat{y} \quad \text{für alle } i \notin S(\hat{x})$$

und

$$\hat{x}^T B\, e_j \leq \hat{x}^T B\, \hat{y} \quad \text{für alle } j \notin S(\hat{y}),$$

so folgt, daß $(\hat{x}, \hat{y})$ ein Nash-Gleichgewicht ist.

Wir nehmen daher etwa an, daß ein $k \in \{1, \ldots, m\} \backslash S(\hat{x})$ existiert mit

$$e_k^T A\, \hat{y} > \hat{x} A\, \hat{y}. \tag{4.44}$$

Da $g(x, y) = e_k^T Ay - x\, Ay$ stetig ist, gibt es ein $\varepsilon_1 > 0$ derart, daß gilt

$$e_k^T Ay > x\, Ay \quad \text{für alle } x \in \langle S \rangle \text{ und } y \in \langle T \rangle$$
$$\text{mit } \|x - \hat{x}\|_2 < \varepsilon_1 \text{ und } \|y - \hat{y}\|_2 < \varepsilon_1. \tag{4.45}$$

Da $(\hat{x}, \hat{y})$ ein Attraktor ist, gibt es ein $\varepsilon_2 > 0$ derart, daß gilt

$$\lim_{t \to \infty} f^t(x, y) = (\hat{x}, \hat{y}) \quad \text{für alle } x \in \langle S \rangle \text{ und } y \in \langle T \rangle$$
$$\text{mit } \|x - \hat{x}\|_2 < \varepsilon_2 \text{ und } \|y - \hat{y}\|_2 < \varepsilon_2. \tag{4.46}$$

Daraus folgt für jedes Paar $(x, y) \in \{(x, y) \in \{(x, y) \in \langle S \rangle \times \langle T \rangle |\; \|x - \hat{x}\|_2 < \varepsilon,\; \|y - \hat{y}\|_2 < \varepsilon\} = W$ mit $\varepsilon = \min(\varepsilon_1, \varepsilon_2)$ die Existenz eines $T_\varepsilon \in I\!N$ derart, daß gilt

$$\|f_1^t(x, y) - \hat{x}\|_2 < \varepsilon \quad \text{für alle } t \geq T_\varepsilon.$$

Aus (4.45) folgt dann

$$f_1^{t+1}(x,y)_k > f_1^t(x,y)_k > 0 \text{ für alle } (x,y) \in W \text{ und alle } t \geq T_\varepsilon. \qquad (4.47)$$

Andererseits folgt aus (4.46)

$$\lim_{t\to\infty} f_1^t(x,y)_k = \hat{x}_k = 0 \quad \text{für alle } (x,y) \in W,$$

ein Widerspruch gegen (4.47). Damit ist die Annahme (4.44) falsch und der Satz 4.8 bewiesen.

Die allgemeine Umkehrbarkeit von Satz 4.8 kann mit demselben Gegenbeispiel widerlegt werden, mit dem auch gezeigt werden kann, daß die Umkehrung von Satz 4.3 im allgemeinen falsch ist. Es läßt sich aber der folgende Satz beweisen, der dem Satz 4.4 analog ist.

Satz 4.9: Sei $(e_k, e_\ell) \in \langle S \rangle \times \langle T \rangle$ ein Nash-Gleichgewicht derart, daß eine relativ offene Menge $U \subseteq \langle S \rangle$ mit $e_k \in U$ und eine relativ offene Menge $V \subseteq \langle T \rangle$ mit $e_\ell \in V$ existieren derart, daß gilt

$$\begin{aligned} e_k^T Ay > x^T Ay \text{ und } x^T Be_\ell > x^T By \\ \text{für alle } (x,y) \in U \times V \text{ mit } x \neq e_k, \, y \neq e_\ell. \end{aligned} \qquad (4.48)$$

Dann ist (e_k, e_ℓ) ein asymptotisch stabiler Fixpunkt von f.

Beweis: Aus (4.48) folgt

$$f_1(x,y)_k > x_k \text{ und } f_2(x,y)_\ell > y_\ell$$
$$\text{für alle } (x,y) \in U \times V \text{ mit } x \neq e_k, \, y \neq e_\ell.$$

Definiert man nun eine stetige Funktion $V : \langle S \rangle \times \langle T \rangle \to I\!R$ vermöge

$$V(x,y) = 2 - x_k - y_\ell \text{ für } (x,y) \in \langle S \rangle \times \langle T \rangle,$$

dann folgt

$$V(f(x,y)) - V(x,y) = 2 - f_1(x,y)_k - f_2(x,y)_\ell - 2 + x_k + y_\ell < 0$$
$$\text{für alle } (x,y) \in U \times V \text{ mit } x \neq e_k \text{ und } y \neq e_\ell$$

sowie

$$V(e_k, e_\ell) = 0 \text{ und } V(x, y) > 0, \text{ falls } (x, y) \neq (e_k, e_\ell).$$

Damit sind die Voraussetzungen von Satz 5.8 erfüllt, aus dem folgt, daß (e_k, e_ℓ) ein asymptotisch stabiler Fixpunkt von f ist.

Wir wollen diesen Satz an einem Beispiel demonstrieren: Sei $m = n = 2$ und $A = \begin{pmatrix} 2 & 4 \\ 1 & 3 \end{pmatrix} = B^T$. Dann ist $(e_1, e_1) \in \langle S \rangle \times \langle S \rangle$ ein Nash-Gleichgewicht, wobei

$$\langle S \rangle = \{x \in I\!R^2 \mid x_1 \geq 0,\ x_2 \geq 0,\ x_1 + x_2 = 1\}.$$

Weiter ist

$$x^T B e_1 = e_1^T A x \text{ und } x^T B y = y^T A x.$$

Schließlich ist

$$e_1^T A y = (1, 0) \begin{pmatrix} 2y_1 + 4y_2 \\ y_1 + 3y_2 \end{pmatrix} = 2y_1 + 4y_2 = 4 - 2y_1,$$

$$x^T B e_1 = e_1^T A x = 4 - 2x_1,$$

$$x^T A y = (x_1, x_2) \begin{pmatrix} 2y_1 + 4y_2 \\ y_1 + 3y_2 \end{pmatrix} = x_1(4 - 2y_1) + x_2(3 - 2y_1)$$

$$= 3 + x_1 - 2y_1,$$

$$x^T B y = y^T A x = 3 + y_1 - 2x_1.$$

Daraus folgt

$$e_1^T A y - x^T A y = 1 - x_1 > 0 \text{ falls } 0 \leq x_1 < 1,$$

und

$$x^T B e_1 - x^T B y = 1 - y_1 > 0, \text{ falls } 0 \leq y_1 \leq 1.$$

Damit ist die Voraussetzung (4.48) für $U = V = \langle S \rangle$ erfüllt und (e_1, e_1) ein asymptotisch stabiler Fixpunkt von $f = (f_1, f_2)$, wobei

$$f_1(x, y)_1 = \frac{4 - 2y_1}{3 + x_1 - 2y_1}\, x_1, \quad f_1(x, y)_2 = \frac{y_1 + 3y_2}{3 + x_1 - 2y_1}\, x_2 = \frac{3 - 2y_1}{3 + x_1 - 2y_1}\, x_2$$

und

$$f_2(x,y)_1 = \frac{4 - 2x_1}{3 + y_1 - 2x_1}\, y_1 \quad f_2(x,y)_2 = \frac{x_1 + 3x_2}{3 + y_1 - 2x_1}\, y_2 = \frac{3 - 2x_1}{3 + x_1 - 2y_1}\, y_2.$$

Weiter ist

$$f_1(x,y)_1 > x_1 \text{ und } f_1(x,y)_2 < x_2, \text{ falls } x_1 \in (0,1),$$

und

$$f_2(x,y)_1 > y_1 \text{ und } f_2(x,y)_2 < y_2, \text{ falls } y_1 \in (0,1).$$

Für jede Wahl von $(x^0, y^0) \in \langle S \rangle \times \langle S \rangle$ mit $x_1^0, y_1^0 \in (0,1)$ konvergieren daher die Folgen $(f_1^k(x_0, y_0)_1)_{k \in \mathbb{N}_0}$ und $(f_2^k(x^0, y^0)_1)_{k \in \mathbb{N}_0}$ monoton wachsend gegen 1 und die Folgen $(f_2^k(x^0, y^0)_2)_{k \in \mathbb{N}_0}$ und $(f_2^k(x^0, y^0)_2)_{k \in \mathbb{N}_0}$ monoton fallend gegen 0.

Im allgemeinen Fall gilt eine entsprechende Aussage: Ist $(e_k, e_\ell) \in \langle S \rangle \times \langle T \rangle$ ein Nash-Gleichgewicht derart, daß die Bedingung (4.48) erfüllt ist, so gibt es eine relativ offene Teilmenge $W \subseteq U \times V$ derart, daß für jedes $(x^0, y^0) \in W$ die Folgen $(f_1^t(x^0, y^0)_k)_{t \in \mathbb{N}_0}$ und $(f_2^t(x^0, y^0)_\ell)_{t \in \mathbb{N}_0}$ monoton wachsend gegen 1 und die Folgen $(f_1^t(x^0, y^0)_i)_{t \in \mathbb{N}_0}$ für $i = 1, \dots, m, i \neq k$ sowie $(f_2^t(x^0, y^0)_j)_{t \in \mathbb{N}_0}$ für $j = 1, \dots, n, j \neq \ell$ gegen 0 konvergieren.

Wir wollen auch hierfür noch ein Beispiel angeben: Sei $m = n = 3$ und

$$A = \begin{pmatrix} 7 & 4 & 1 \\ 8 & 5 & 2 \\ 9 & 6 & 3 \end{pmatrix} = B^T.$$

Dann ist $(e_3, e_3) \in \langle S \rangle \times \langle S \rangle$ ein Nash-Gleichgewicht, wobei

$$\langle S \rangle = \{x \in \mathbb{R}^3 \mid x_1 \geq 0, x_2 \geq 0, x_3 \geq 0, x_1 + x_2 + x_3 = 1\}.$$

Weiter ist

$$e_3^T A y = (0,0,1) \begin{pmatrix} 7y_1 + 4y_2 + y_3 \\ 8y_1 + 5y_2 + 2y_3 \\ 9y_1 + 6y_2 + 3y_3 \end{pmatrix} = 9y_1 + 6y_2 + 3y_3$$

$$= 9y_1 + 6y_2 + 3(1 - y_1 - y_2) = 3 + 6y_1 + 3y_2$$

sowie

$$x^T Ay = \frac{(x_1, x_2, x_3)}{} \begin{pmatrix} 7y_1 + 4y_2 + y_3 \\ 8y_1 + 5y_2 + 2y_3 \\ 9y_1 + 6y_2 + 3y_3 \end{pmatrix}$$

$$= x_1(7y_1 + 4y_2 + y_3) + x_2(8y_1 + 5y_2 + 2y_3) + x_3(9y_1 + 6y_2 + 3y_3)$$

$$= x_1(1 + 6y_1 + 3y_2) + x_2(2 + 6y_1 + 3y_2) + x_3(3 + 6y_1 + 3y_2)$$

$$= 3 + 6y_1 + 3y_2 - x_2 - 2x_1.$$

Daraus folgt

$$e_3^T Ay - x^T Ay = x_2 + 2x_1 > 0, \quad \text{falls } x_2 + x_1 > 0$$

ist. Schließlich ist

$$x^T Be_3 \;=\; e_3^T Ax = 3 + 6x_1 + 3x_2,$$

$$x^T By \;=\; y^T Ax = 3 + 6x_1 + 3x_2 - y_2 - 2y_1$$

und somit

$$x^T Be_3 - x^T By = y_2 + 2y_1 > 0, \quad \text{falls } y_2 + y_1 > 0$$

ist. Damit ist die Voraussetzung (4.48) für

$$U = V = \langle S \rangle$$

erfüllt, und (e_3, e_3) ist ein asymptotisch stabiler Fixpunkt von $f = (f_1, f_2)$. Weiter folgt

$$f_1(x, y)_3 = \frac{e_3^T Ay}{x^T Ay} \, x_3 > x_3 \quad \text{und} \quad f_2(x, y)_3 = \frac{x^T Be_3}{x^T By} \, y_3 > y_3$$

für alle $(x, y) \in U \times V$, was

$$f_1(x, y)_1 + f_1(x, y)_2 = 1 - f_1(x, y)_3 < 1 - x_3 = x_1 + x_2$$

und

$$f_2(x, y)_1 + f_2(x, y)_2 = 1 - f_2(x, y)_3 < 1 - y_3 = y_1 + y_2$$

für alle $(x, y) \in U \times V$ impliziert.

Wählt man daher $(x^0, y^0) \in \langle S \rangle \times \langle S \rangle$ und $x_3^0, y_3^0 \in (0, 1)$, so konvergieren die Folgen $(f_1^k(x^0, y^0)_3)_{k \in \mathbb{N}_0}$ und $(f_2^k(x^0, y^0)_3)_{k \in \mathbb{N}_0}$ monoton wachsend gegen 1 und die Folgen $(f_1^k(x^0, y^0)_1 + f_1^k(x^0, y^0)_2)_{k \in \mathbb{N}_0}$ und $(f_2^k(x^0, y^0)_1 + f_2^k(x^0, y^0)_2)_{k \in \mathbb{N}_0}$ monoton fallend gegen 0.

Abschließend betrachten wir noch ein Beispiel eines nicht-symmetrischen Bi-Matrixspiels. Sei $m = 2$, $n = 3$ und

$$A = \begin{pmatrix} 5 & 3 & 1 \\ 6 & 4 & 2 \end{pmatrix} \quad \text{sowie} \quad B = \begin{pmatrix} 4 & 5 & 6 \\ 3 & 2 & 1 \end{pmatrix}.$$

Dann ist $(e_2, e_1) \in \langle S \rangle \times \langle T \rangle$ ein Nash-Gleichgewicht, wobei

$$\langle S \rangle = \{x \in I\!\!R^2 \mid x_1 \geq 0, x_2 \geq 0, x_1 + x_2 = 1\}$$

und

$$\langle T \rangle = \{y \in I\!\!R^3 \mid y_1 \geq 0, y_2 \geq 0, y_3 \geq 0, y_1 + y_2 + y_3 = 1\}.$$

Weiter ist

$$e_2^T Ay = (0, 1) \begin{pmatrix} 5y_1 + 3y_2 + y_3 \\ 6y_1 + 4y_2 + 2y_3 \end{pmatrix} = 6y_1 + 4y_2 + 2y_3$$

sowie

$$x^T Ay = (x_1, x_2) \begin{pmatrix} 5y_1 + 3y_2 + y_3 \\ 6y_1 + 4y_2 + 2y_3 \end{pmatrix} = x_1(5y_1 + 3y_2 + y_3) + x_2(6y_1 + 4y_2 + 2y_3)$$

$$= 6y_1 + 4y_2 + 2y_3 - x_1$$

mithin

$$e_2^T Ay - x^T Ay = x_1 > 0, \quad \text{falls} \ x_1 > 0$$

ist. Schließlich ist

$$x^T Be_1 = (x_1, x_2) \begin{pmatrix} 4 \\ 3 \end{pmatrix} = 4x_1 + 3x_2 = 3 + x_1$$

sowie

$$x^T By = (x_1, x_2) \begin{pmatrix} 4y_1 + 5y_2 + 6y_3 \\ 3y_1 + 2y_2 + y_3 \end{pmatrix}$$

$$= x_1(4y_1 + 5y_2 + 6y_3) + x_2(3y_1 + 2y_2 + y_3)$$

$$= 3y_1 + 2y_2 + y_2 + x_1(y_1 + 3y_2 + 5y_3)$$

und somit

$$
\begin{aligned}
x^T B e_1 - x^T B y &= 3 + x_1 - 3y_1 - 2y_2 - y_3 - x_1(y_1 + 3y_2 + 5y_3) \\
&= 3 + x_1(-2y_2 - 4y_3) - 3y_1 - 2y_2 - y_3 \\
&> 3 - 3y_1 - 3y_2 - 3y_3 = 0, \quad \text{falls } x_1 < \tfrac{1}{2}.
\end{aligned}
$$

Daraus folgt, daß die Bedingung (4.48) für $U = \{x \in \langle S \rangle \mid 0 \leq x_1 < \tfrac{1}{2}$ und $V = \langle T \rangle$ erfüllt ist, woraus folgt, daß (e_2, e_1) ein asymptotisch stabiler Fixpunkt von $f = (f_1, f_2)$ ist.

4.6   Dynamische n-Personen-Spiele

Wie in Abschnitt 1.2.1 gehen wir wieder von einem n-Personen-Spiel aus mit Strategiemengen $S_1, \ldots, S_n$ und Auszahlungsfunktionen $\phi_i : S_1 \times \cdots \times S_n \to I\!R$, $i = 1, \ldots, n$. Wir nehmen an, daß die Strategiemengen gegeben sind in der Form

$$
S_i = \{s_i \in I\!R^{m_i} \mid s_{ij} \geq 0 \ \text{für} \ j = 1, \ldots, m_i \ \text{und} \ \sum_{j=1}^{m_i} s_{ij} = 1\}, \ i = 1, \ldots, n.
$$

Weiter nehmen wir an, daß für jedes $s^* \in S = S_1 \times \cdots \times S_n$ und jedes $i = 1, \ldots, n$ die Funktionen $\phi_i(s_1^*, \ldots, s_{i-1}^*, \cdot, s_{i+1}^*, \ldots, s_n^*) : S_i \to I\!R$ konkav und Gateaux-differenzierbar sind und die Abbildungen $\nabla_{s_i} \phi_i : S \to I\!R^{m_i}$ stetig, wobei $\nabla_{s_i} \phi_i$ den Gradienten von ϕ_i bezeichnet.

Dann ist $\hat{s} \in S$ ein Nash-Gleichgewicht genau dann, wenn gilt

$$
\nabla_{s_i} \phi_i(\hat{s})^T \hat{s}_i \geq \nabla_{s_i} \phi_i(\hat{s})^T s_i \ \text{für alle} \ s_i \in S_i \ \text{und} \ i = 1, \ldots, n. \tag{4.49}
$$

Für jedes $s \in S$ gilt

$$
\nabla_{s_i} \phi_i(s)^T s_i \leq \max_{j=1,\ldots,m_i} \phi_{is_{ij}}(s) \ \text{für} \ i = 1, \ldots, n.
$$

Daraus folgt, daß $\hat{s} \in S$ ein Nash-Gleichgewicht ist genau dann, wenn gilt

$$
\nabla_{s_i} \phi_i(\hat{s})^T \hat{s}_i = \max_{j=1,\ldots,m_i} \phi_{is_{ij}}(\hat{s}) \ \text{für} \ i = 1, \ldots, n. \tag{4.50}
$$

Definiert man für jedes $s \in S$

$$\varphi_{ij}(s) = \max(0, \phi_{is_{ij}}(s) - \nabla_{s_i}\phi_i(s)^T s_i), \quad j = 1, \ldots, m_i, \; i = 1, \ldots, n, \quad (4.51)$$

so folgt, daß $\hat{s} \in S$ ein Nash-Gleichgewicht ist genau dann, wenn gilt

$$\varphi_{ij}(\hat{s}) = 0 \;\text{ für alle }\; j = 1, \ldots, m_i, \; i = 1, \ldots, n. \qquad (4.52)$$

Jetzt definieren wir eine Abbildung $f = (f_1, \ldots, f_n) : S \to S$ vermöge

$$f_i(s)_k = \frac{1}{1 + \sum\limits_{j=1}^{m_i} \varphi_{ij}(s)} (s_{ik} + \varphi_{ik}(s)), \quad k = 1, \ldots, m_i, \; i = 1, \ldots, n. \quad (4.53)$$

Behauptung: $\hat{s} \in S$ ist genau dann ein Nash-Gleichgewicht, wenn gilt $f(\hat{s}) = \hat{s}$, d.h., wenn $\hat{s}$ ein Fixpunkt von f ist.

Beweis:

1) Sei $\hat{s} \in S$ ein Nash-Gleichgewicht; dann folgt notwendig (4.52) und daraus $f_i(\hat{s})_k = \hat{s}_{ik}$ für alle $k = 1, \ldots, m_i$ und $i = 1, \ldots, n$, d.h. $f(\hat{s}) = \hat{s}$.

2) Sei umgekehrt $f(\hat{s}) = \hat{s}$. Ist dann $\hat{s}_{ik} = 0$ für ein $i \in \{1, \ldots, n\}$ und ein $k \in \{1, \ldots, m_i\}$, so folgt notwendig $\varphi_{ik}(\hat{s}) = 0$. Ist $\hat{s}_{ik} > 0$, so wählen wir ein $k_0 \in \{1, \ldots, m_i\}$ derart, daß gilt

$$\phi_{is_{ik_0}}(\hat{s}) = \min\{\phi_{is_{ik}}(\hat{s})|\; \hat{s}_{ik} > 0\},$$

und schließen $\varphi_{ik_0}(\hat{s}) = 0$. Das wiederum impliziert

$$\varphi_{ik}(\hat{s}) = 0 \;\text{ für alle }\; k = 1, \ldots, m_i,$$

da sonst $\hat{s}_{ik_0} < \hat{s}_{ik_0}$ folgen würde, was unmöglich ist. Damit ist der Beweis beendet.

Die obige Behauptung gibt Anlaß zu einer dynamischen oder auch iterativen Methode zur Gewinnung von Nash-Gleichgewichten. Man beginnt mit einem Strategie-n-Tupel $s^\circ \in S$ und definiert eine Folge $(s^\ell)_{\ell \in \mathbb{N}_0}$ in S vermöge

$s^{\ell+1} = f(s^\ell)$ für $\ell \in I\!N_0$. Konvergiert diese Folge gegen ein $\hat{s} \in S$, so ist wegen der Stetigkeit von f notwendig $\hat{s} = f(\hat{s})$ und $\hat{s}$ somit ein Nash-Gleichgewicht.

Wir betrachten noch einmal den Fall der Bi-Matrix-Spiele. Hier ist $n = 2$, und die beiden Strategiemengen sind gegeben durch

$$S_1 = \{s \in I\!R^m | \; s_j \geq 0 \; \text{für} \; j = 1, \ldots, m \; \text{und} \; \sum_{j=1}^{m} s_j = 1\}$$

und

$$S_2 = \{t \in I\!R^n | \; t_k \geq 0 \; \text{für} \; k = 1, \ldots, n \; \text{und} \; \sum_{k=1}^{n} t_k = 1\}.$$

Die Auszahlungsfunktionen lauten

$$\phi_1(s,t) = s^T A t \quad \text{und} \quad \phi_2(s,t) = s^T B t \quad \text{für} \quad (s,t) \in S = S_1 \times S_2,$$

wobei A und B vorgegebene $m \times n$-Matrizen sind.

Für jedes Paar $(s^*, t^*) \in S$ sind die Funktionen $\phi_1(s, t^*) = s^T A t^*$, $s \in S_1$, und $\phi_2(s^*, t) = s^{*T} B t$, $t \in S_2$, linear, somit konkav und Gateaux-differenzierbar mit Gradienten

$$\nabla_s \phi_1(s, t^*) = A t^*, \; s \in S_1, \quad \text{und} \quad \nabla_t \phi_2(s^*, t) = B^T s^*, \; t \in S_2,$$

die stetige Funktionen auf S sind.

Die durch (4.51) gegebenen Funktionen lauten

$$\varphi_{1j}(s,t) = \max(0, e_j^T A t - s^T A t) \quad \text{für} \quad j = 1, \ldots, m$$

und

$$\varphi_{2k}(s,t) = \max(0, s^T B e_k - s^T B t) \quad \text{für} \quad k = 1, \ldots, n,$$

wobei e_j bzw. e_k der j-te bzw. k-te Einheitsvektor in $I\!R^m$ bzw. $I\!R^n$ ist, und die durch (4.53) definierte Abbildung $f = (f_1, f_2) : S \to S$ ist gegeben durch

$$f_1(s,t)_j = \frac{1}{1 + \sum_{i=1}^{m} \varphi_{1i}(s,t)} (s_j + \varphi_{1j}(s,t)), \; j = 1, \ldots, m,$$

und

$$f_2(s,t)_k = \frac{1}{1 + \sum\limits_{\ell=1}^{n} \varphi_{2\ell}(s,t)}\, (t_k + \varphi_{2k}(s,t)), \;\; k = 1,\ldots,n.$$

Ein Beispiel: Sei $m = 2$, $n = 3$ und

$$A = \begin{pmatrix} 5 & 3 & 1 \\ 6 & 4 & 2 \end{pmatrix}, \; B = \begin{pmatrix} 4 & 5 & 6 \\ 3 & 2 & 1 \end{pmatrix}.$$

Dann erhalten wir für jedes $(s,t) \in S_1 \times S_2$

$$e_1^T At = 5t_1 + 3t_2 + t_3,$$
$$e_2^T At = 6t_1 + 4t_2 + 2t_3,$$
$$s^T At = 6t_1 + 4t_2 + 2t_3 - s_1$$

und daher

$$e_1^T At - s^T At = -1 + s_1 \leq 0$$

sowie

$$e_2^T At - s^T At = s_1.$$

Daraus folgt

$$\varphi_{11}(s,t) = 0 \;\; \text{und} \;\; \varphi_{12}(s,t) = s_1 > 0$$
$$\text{für alle } (s,t) \in S_1 \times S_2 \;\; \text{mit} \;\; 0 < s_1 \leq 1$$

und weiter

$$f_1(s,t)_1 = \frac{s_1}{1 + s_1}, \; f_1(s,t)_2 = \frac{1}{1 + s_1} = 1 - f_1(s,t)_1.$$

Als nächstes erhalten wir für $(s,t) \in S_1 \times S_2$

$$s^T Be_1 = 4s_1 + 3s_2 = 3 + s_1,$$
$$s^T Be_2 = 5s_1 + 2s_2 = 2 + 3s_1,$$
$$s^T Be_3 = 6s_1 + s_2 = 1 + 5s_1,$$
$$s^T Bt = 3t_1 + 2t_2 + t_3 + s_1(t_1 + 3t_2 + 5t_3),$$

mithin

$$\begin{aligned}
s^T B e_1 - s^T B t &= 3 - s_1(2t_2 + 4t - 3) - 3t_1 - 2t_2 - t_3 \\
&= 3 - 3t_1 - 2(s_1 + 1)\,t_2 - (4s_1 + 1)\,t_3 > 0, \quad \text{falls } s_1 < \tfrac{1}{2}, \\
s^T B e_2 - s^T B t &= 2 + s_1(2t_1 - 2t_3) - 3t_1 - 2t_2 - t_3 \\
&< \ 2 + t_1 - t_3 - 3t_1 - 2t_2 - t_3 = 0, \quad \text{falls } t_1 > t_3 \\
&\quad \text{und } s_1 < \tfrac{1}{2}, \\
s^T B e_3 - s^T B t &= 1 + s_1(4t_1 + 2t_2) - 3t_1 - 2t_2 - t_3 \\
&< \ 1 + 2t_1 + t_2 - 3t_1 - 2t_2 - t_3 = 0, \quad \text{falls } s_1 < \tfrac{1}{2},
\end{aligned}$$

und somit

$$\varphi_{21}(s,t) > 0, \ \varphi_{22}(s,t) = \varphi_{23}(s,t) = 0$$

$$\text{für alle } (s,t) \in S_1 \times S_2 \ \text{mit } s_1 < \tfrac{1}{2} \ \text{und } t_1 > t_3.$$

Daraus folgt

$$\begin{aligned}
f_2(s,t)_1 &= \tfrac{t_1 + \varphi_{21}(s,t)}{1 + \varphi_{21}(s,t)} = 1 - f_2(s,t)_2 - f_2(s,t)_3, \\
f_2(s,t)_2 &= \tfrac{t_2}{1 + \varphi_{21}(s,t)}, \\
f_2(s,t)_3 &= \tfrac{t_3}{1 + \varphi_{21}(s,t)}
\end{aligned}$$

für alle $(s,t) \in S_1 \times S_2$ mit $s_1 < \tfrac{1}{2}$ und $t_1 > t_3$.

Wählen wir daher

$$(s^\circ, t^\circ) \in U = \{(s,t) \in S_1 \times S_2 \mid 0 < s_1 < \frac{1}{2} \ \text{und } t_1 > t_3\}$$

und definieren eine Folge $(s^\ell, t^\ell)_{\ell \in \mathbb{N}_0}$ vermöge $(s^{\ell+1}, t^{\ell+1}) = f(s^\ell, t^\ell)$, so folgt wegen

$$f_1(s,t)_1 < s_1, \ f_2(s,t)_2 < t_2, \ f_2(s,t)_3 < t_3$$

$$\Longrightarrow f_2(s,t)_1 = 1 - f_2(s,t)_2 - f_2(s,t)_3 > 1 - t_2 - t_3 = t_1$$

für alle $(s,t) \in U$, daß gilt

$$(s^\ell, t^\ell) \in U \ \text{für alle } \ell \in \mathbb{N}_0.$$

Weiter folgt

$$s_1^\ell \to 0, \ s_2^\ell \to 1, \ t_1^\ell \to 1, \ t_2^\ell \to 0, \ t_3^\ell \to 0, \quad (\text{Beweis} = \text{Übung}),$$

mithin $(s^\ell, t^\ell) \to (e_2, e_1) \in \bar{U}$, und (e_2, e_1) ist ein Nash-Gleichgewicht.

Dieses Beispiel ist ein Spezialfall der folgenden allgemeinen Situation: Sei $U \subseteq S_1 \times S_2$ derart, daß ein $j_0 \in \{1, \ldots, m\}$ und ein $k_0 \in \{1, \ldots, n\}$ existieren mit

$$\left. \begin{array}{c} \varphi_{1j}(s,t) = 0 \quad \text{für alle} \quad j \neq j_0, \ \varphi_{1j_0}(s,t) > 0, \\[2mm] \text{und} \\[2mm] \varphi_{2k}(s,t) = 0 \quad \text{für alle} \quad k \neq k_0, \ \varphi_{2k_0}(s,t) > 0, \end{array} \right\} \quad \text{für alle} \ (s,t) \in U.$$

Daraus folgt für alle $(s, t) \in U$

$$f_1(s,t)_j = \frac{s_j}{1 + \varphi_{1j_0}(s,t)} \quad \text{für} \ j \neq j_0,$$

$$f_1(s,t)_{j_0} = \frac{s_{j_0} + \varphi_{1j_0}(s,t)}{1 + \varphi_{1j_0}(s,t)} = 1 - \sum_{j \neq j_0} f_1(s,t)_j,$$

$$f_2(s,t)_k = \frac{t_k}{1 + \varphi_{2k_0}(s,t)} \quad \text{für} \ k \neq k_0,$$

$$f_2(s,t)_{k_0} = \frac{t_{k_0} + \varphi_{2k_0}(s,t)}{1 + \varphi_{2k_0}(s,t)} = 1 - \sum_{k \neq k_0} f_2(s,t)_k.$$

Weiter folgt

$$f_1(s,t)_j < s_j \ \text{für alle} \ j \neq j_0 \Longrightarrow f_1(s,t)_{j_0} > s_{j_0},$$

$$f_2(s,t)_k < t_k \ \text{für alle} \ k \neq k_0 \Longrightarrow f_2(s,t)_{k_0} > t_{k_0}$$

$$\text{für alle} \ (s,t) \in U.$$

Annahme: $f(U) \subseteq U$.

Wählen wir ein Paar $(s^\circ, t^\circ) \in U$ und definieren eine Folge $(s^\ell, t^\ell)_{\ell \in \mathbb{N}_0}$ in U vermöge $(s^{\ell+1}, t^{\ell+1}) = f(s^\ell, t^\ell)$, dann folgt

$$(s^\ell, t^\ell) \to (\hat{s}, \hat{t}) \in \bar{U}, \quad \text{und} \ (\hat{s}, \hat{t}) \ \text{ist ein Nash-Gleichgewicht.}$$

Daraus folgt insbesondere

$$e_{j_0}^T A\hat{t} - \hat{s}^T A\hat{t} = \sum_{k=1}^n a_{j_0 k}\, \hat{t}_k - \sum_{j=1}^m \hat{s}_j \sum_{k=1}^n a_{jk}\, \hat{t}_k$$

$$= \sum_{j=1}^m \hat{s}_j \left(\sum_{k=1}^n a_{j_0 k}\, \hat{t}_k - \sum_{k=1}^n a_{jk}\, \hat{t}_k \right) = \sum_{\substack{j=1 \\ j \neq j_0}}^m \hat{s}_j \sum_{k=1}^n (a_{j_0 k} - a_{jk})\, \hat{t}_k \leq 0.$$

Annahme 1:

$$a_{j_0 k} - a_{jk} > 0 \quad \text{für alle} \quad j \neq j_0 \quad \text{und} \quad k = 1, \ldots, n.$$

Daraus folgt

$$\hat{s}_j = 0 \quad \text{für alle} \quad j \neq j_0, \quad \text{mithin} \quad \hat{s}_{j_0} = 1 \quad \text{und daher} \quad \hat{s} = e_{j_0}.$$

Dieses wiederum impliziert

$$e_{j_0}^T B e_{k_0} - e_{j_0}^T B\hat{t} = b_{j_0 k_0} - \sum_{k=1}^n b_{j_0 k}\, \hat{t}_k = \sum_{\substack{k=1 \\ k \neq k_0}}^n (b_{j_0 k_0} - b_{j_0 k})\, \hat{t}_k \leq 0.$$

Annahme 2:

$$b_{j_0 k_0} - b_{j_0 k} > 0 \quad \text{für alle} \quad k \neq k_0.$$

Daraus folgt

$$\hat{t}_k = 0 \quad \text{für alle} \quad k \neq k_0, \quad \text{mithin} \quad \hat{t}_{k_0} = 1 \quad \text{und daher} \quad \hat{t} = e_{k_0}.$$

In dem obigen Beispiel ist die Annahme 1 für $j_0 = 2$ und die Annahme 2 für $j_0 = 2$ und $k_0 = 1$ erfüllt.

Als nächstes betrachten wir ein symmetrisches Bi-Matrix-Spiel mit $m = n$, $S_1 = S_2 = S = \{ s \in I\!R^n |\ s_j \geq 0 \text{ und } \sum_{j=1}^n s_j = 1 \}$ und $A = B^T$. Dann existiert ein Nash-Gleichgewicht der Form $(\hat{s}, \hat{s})$ mit $\hat{s} \in S$, welches charakterisiert ist durch die Bedingung

$$\hat{s}^T A\, \hat{s} = \max_{j=1,\ldots,n}\ e_j^T A\, \hat{s}. \tag{4.54}$$

Definiert man Funktionen $\varphi_j : S \to I\!R$ vermöge

$$\varphi_j(s) = \max(0, e_j^T As - s^T As) \text{ für } j = 1, \ldots, n,$$

so erweist sich (4.54) als quivalent zu

$$\varphi_j(\hat{s}) = 0 \text{ für alle } j = 1, \ldots, n. \tag{4.55}$$

Definiert man weiter eine Abbildung $f = (f_1, \ldots, f_n) : S \to S$ vermöge

$$f_j(s) = \frac{1}{1 + \sum\limits_{k=1}^{n} \varphi_k(s)} (s_j + \varphi_j(s)) \text{ für } j = 1, \ldots, n, \tag{4.56}$$

so erweist sich (4.55) als äquivalent zu $f(\hat{s}) = \hat{s}$ (Beweis siehe oben). Damit ist $(\hat{s}, \hat{s}) \in S \times S$ genau dann ein Nash-Gleichgewicht, wenn $\hat{s} \in S$ ein Fixpunkt der Abbildung (4.56) ist.

Ein Beispiel: Sei $m = n = 3$ und

$$A = \begin{pmatrix} 7 & 5 & 3 \\ 8 & 4 & 2 \\ 9 & 5 & 1 \end{pmatrix} = B^T.$$

Dann erhalten wir für jedes $s \in S$

$$e_1^T As = 7s_1 + 5s_2 + 3s_3,$$
$$e_2^T As = 8s_1 + 4s_2 + 2s_3,$$
$$e_3^T As = 9s_1 + 5s_2 + s_3,$$
$$s^T As = s_1(7s_1 + 5s_2 + 3s_3) + s_2(8s_1 + 4s_2 + 2s_3) + s_3(9s_1 + 5s_2 + s_3),$$

woraus folgt, daß gilt

$$e_1^T As - s^T As = s_2^2, \text{ falls } s_1 = s_3,$$
$$e_2^T As - s^T As = s_2^2 - s_2, \text{ falls } s_1 = s_3,$$
$$e_3^T As - s^T As = s_2^2, \text{ falls } s_1 = s_3.$$

Daraus folgt

$$\varphi_1(s) = \varphi_3(s) = s_2^2 > 0 \text{ und } \varphi_2(s) = 0 \text{ für alle } s \in U$$

mit

$$U = \{s \in S \mid s_1 = s_3, \; s_2 > 0\}.$$

Die Funktionen (4.56) für $s \in U$ sind gegeben durch

$$f_1(s) = \frac{s_1 + s_2^2}{1 + 2s_2^2}, \quad f_2(s) = \frac{s_2}{1 + 2s_2^2}, \quad f_3(s) = \frac{s_1 + s_2^2}{1 + 2s_2^2},$$

und es gilt $f(U) \subseteq U$.

Wählen wir nun ein $s^\circ \in U$ und definieren eine Folge $(s^\ell)_{\ell \in I\!N_0}$ in U vermöge $s^{\ell+1} = f(s^\ell)$, dann folgt wegen

$$f_2(s) < s_2 \quad \text{für alle} \quad s \in U,$$

daß gilt

$$s_2^\ell \to \hat{s}_2 \geq 0 \quad \text{und} \quad \frac{\hat{s}_2}{1 + 2\hat{s}_2^2} = \hat{s}_2 \iff 2\hat{s}_2^2 = 0 \iff \hat{s}_2 = 0.$$

Wegen $f_1(s) = \frac{1}{2}(1 - f_2(s))$ folgt hieraus

$$s_1^{\ell+1} = f_1(s^\ell) = \frac{1}{2}(1 - f_2(s^\ell)) = \frac{1}{2}(1 - s_2^{\ell+1}) \to \frac{1}{2}.$$

Damit gilt $s^\ell \to \hat{s} = (\frac{1}{2}, 0, \frac{1}{2})$ und $(\hat{s}, \hat{s})$ ist ein Nash-Gleichgewicht.

Abschließend betrachten wir Nullsummen-Spiele, für die gilt

$$\sum_{i=1}^{n} \phi_i(s) = 0 \quad \text{für alle} \quad s \in S. \tag{4.57}$$

Wir nehmen an, daß für jedes $s^* \in S = S_1 \times \ldots \times S_n$ und jedes $i = 1, \ldots, n$ die Funktionen $\phi_i(s_1^*, \ldots, s_{i-1}^*, \cdot, s_{i+1}^*, \ldots, s_n^*) : S_i \to I\!R$ linear und damit konkav und Gateaux-differenzierbar sind und die Abbildungen $\nabla_{s_i} \phi_i : S \to I\!R^{m_i}$ stetig, wobei der Gradient $\nabla_{s_i} \phi_i$ nicht von s_i abhängt. Das kann man auch wie folgt ausdrücken:

$$\phi_i(s_1^*, \ldots, s_{i-1}^*, s_i, s_{i+1}^*, \ldots, s_n^*) = \nabla_{s_i} \phi_i(s^*)^T s_i$$

$$\text{für} \quad s_i \in S_i \quad \text{und} \quad i = 1, \ldots, n.$$

Gemäß (4.50) und (4.57) ist dann $\hat{s} \in S$ ein Nash-Gleichgewicht genau dann, wenn gilt

$$\phi_i(\hat{s}) = \max_{j=1,\ldots,m_i} \phi_{is_{ij}}(\hat{s}) \quad \text{für} \quad i = 1, \ldots, n-1 \tag{4.58}$$

und

$$-\sum_{i=1}^{n-1} \phi_i(\hat{s}) = \max_{j=1,\ldots,m_n} \left\{ -\sum_{i=1}^{n-1} \phi_{is_{nj}}(\hat{s}) \right\}. \tag{4.59}$$

Definiert man für jedes $s \in S$

$$\varphi_{ij}(s) = \max(0, \phi_{is_{ij}}(s) - \phi_i(s))$$
$$\text{für} \quad j = 1, \ldots, m_i \quad \text{und} \quad i = 1, \ldots, n-1 \tag{4.60}$$

sowie

$$\varphi_{nj}(s) = \max(0, -\sum_{i=1}^{n-1} \phi_{is_{nj}}(s) + \sum_{i=1}^{n-1} \phi_i(s))$$
$$\text{für} \quad j = 1, \ldots, m_n, \tag{4.61}$$

so sind (4.58), (4.59) äquivalent zu (4.52).

Definiert man weiter eine Abbildung $f = (f_1, \ldots, f_n) : S \to S$ vermöge (4.53), so folgt aus den obigen Ausführungen wiederum, daß $\hat{s} \in S$ genau dann ein Nash-Gleichgewicht ist, wenn gilt $f(\hat{s}) = \hat{s}$.

Da f stetig ist, gibt es nach dem Brouwerschen Fixpunktsatz einen Fixpunkt $\hat{s} \in S$ von f, was zeigt, daß unter den obigen Annahmen jedes nichtkooperative n-Personen-Nullsummen-Spiel ein Nash-Gleichgewicht besitzt.

Da jedes Nash-Gleichgewicht ein Fixpunkt von f ist, lassen sich Nash-Gleichgewichte, wie oben beschrieben, iterativ ermitteln. Die oben für Bi-Matrix-Spiele angegebenen hinreichenden Bedingungen für die Konvergenz des Iterationsverfahrens lassen sich wie folgt verallgemeinern:

Dazu nehmen wir an, daß es für jedes $i = 1, \ldots, n$ eine Teilmenge $U_i \subseteq S_i$ und ein $j_i \in \{1, \ldots, m_i\}$ gibt derart, daß gilt

$$\left.\begin{array}{c} \varphi_{ij}(s) = 0 \text{ für alle } j \neq j_i \\[4pt] \text{und} \\[4pt] \varphi_{ij_i}(s) > 0 \end{array}\right\} \quad \text{für alle} \quad s \in \prod_{i=1}^{n} U_i$$

und $f_i(\prod_{j=1}^{n} U_j) \subseteq U_i$.

Unter diesen Voraussetzungen erhalten wir dann für jedes $i = 1, \ldots, n$

$$\left. \begin{array}{l} f_i(s)_k = \frac{s_{ik}}{1+\varphi_{ij_i}(s)} \quad \text{für} \quad k \neq j_i \\[3mm] \text{und} \\[3mm] f_i(s)_{j_i} = \frac{s_{ij_i}+\varphi_{ij_i}(s)}{1+\varphi_{ij_i}(s)} = 1 - \sum_{k \neq j_i} f_i(s)_k \end{array} \right\} \quad \text{für alle } s \in \prod_{j=1}^{n} U_j.$$

Hieraus folgt für jedes $i = 1, \ldots, n$

$$f_i(s)_k < s_{ik} \quad \text{für} \quad k \neq j_i, \; f_i(s)_{j_i} > s_{ij_i} \quad \text{für alle} \quad s \in \prod_{j=1}^{n} U_j.$$

Wählt man nun $s^\circ \in \prod_{j=1}^{n} U_j$ und definiert eine Folge $(s^\ell)_{\ell \in \mathbb{N}_0}$ in $\prod_{j=1}^{n} U_j$ vermöge $s^{\ell+1} = f(s^\ell)$, so konvergiert diese Folge gegen ein $\hat{s} \in S$, und $\hat{s}$ ist ein Nash-Gleichgewicht.

Jetzt betrachten wir den Spezialfall $n = 2$, wo gilt

$$\phi_1(s_1, s_2) = s_1^T A \, s_2, \; \phi_2(s_1, s_2) = -\phi_1(s_1, s_2) = -s_1^T A \, s_2$$

$$\text{für} \quad s_i \in S_i = \{s_i \geq \theta_{m_i} | \sum_{j=1}^{m_i} s_{ij} = 1\}, \; i = 1, 2,$$

und A eine $m_1 \times m_2$-Matrix ist.

Ein Strategienpaar $\hat{s} \in S_1 \times S_2$ ist ein Nash-Gleichgewicht genau dann, wenn gilt

$$\left. \begin{array}{l} \phi_1(\hat{s}_1, \hat{s}_2) = \max_{j=1,\ldots,m_1} e_j^T A \, \hat{s}_2 \\[3mm] \text{und} \\[3mm] \phi_2(\hat{s}_1, \hat{s}_2) = \max_{k=1,\ldots,m_2} -\hat{s}_1^T A \, e_k, \end{array} \right\} \tag{4.62}$$

wobei $e_j \in \mathbb{R}^{m_1}$ bzw. $e_k \in \mathbb{R}^{m_2}$ den j-ten bzw. k-ten Einheitsvektor bezeichnet.

Definieren wir für jedes $s \in S_1 \times S_2$

$$\varphi_{1j}(s) = \max(0, e_j^T A \, s_2 - s_1^T A \, s_2), \; j = 1, \ldots, m_1,$$

und

$$\varphi_{2k}(s) = \max(0, -s_1^T A \, e_k + s_1^T A \, s_2), \; k = 1, \ldots, m_2,$$

dann ist (4.62) äquivalent zu

$$\varphi_{ij}(\hat{s}) = 0 \quad \text{für} \quad j = 1, \ldots, m_i, \; i = 1, 2. \tag{4.63}$$

Definiert man weiter eine Abbildung $f = (f_1, f_2) : S_1 \times S_2$ vermöge (4.63), so folgt aus der Stetigkeit von f nach dem Brouwerschen Fixpunktsatz die Existenz eines Fixpunktes von f und damit eines Nash-Gleichgewichts, das zugleich auch ein Sattelpunkt des Spieles ist.

Ein Beispiel: Sei $m_1 = 2$, $m_2 = 3$ und $A = \begin{pmatrix} 5 & 3 & 1 \\ 6 & 4 & 2 \end{pmatrix}$. Dann erhalten wir

$$e_1^T A s_2 = 5s_{21} + 3s_{22} + s_{23},$$

$$e_2^T A s_2 = 6s_{21} + 4s_{22} + 2s_{23},$$

$$s_1^T A s_2 = 6s_{21} + 4s_{22} + 2s_{23} - s_{11}$$

und damit

$$e_1^T A s_2 - s_1^T A s_2 = -1 + s_{11} \leq 0$$

sowie

$$e_2^T A s_2 - s_1^T A s_1 = s_{11} > 0, \quad \text{falls} \quad s_{11} > 0.$$

Wählen wir $U_1 = \{s_1 \in S_1 | \; s_{11} > 0\}$, dann folgt

$$\varphi_{11}(s) = 0 \quad \text{und} \quad \varphi_{12}(s) > 0 \quad \text{für} \quad s \in U_1 \times S_2.$$

Daraus folgt

$$f_{11}(s) = \frac{s_{11}}{1 + s_{11}}, \; f_{12}(s) = \frac{1}{1 + s_{11}} \quad \text{für} \quad s \in U_1 \times S_2$$

und daher

$$f_{11}(s) < s_{11} \quad \text{und} \quad f_{12}(s) > s_{12} \quad \text{für alle} \quad U_1 \times S_2.$$

Weiter folgt $f_1(U_1 \times S_2) \subseteq U_1$.

Als nächstes erhalten wir

$$-s_1^T A e_1 = -6 + s_{11},$$

$$-s_1^T A e_2 = -4 + s_{11},$$

$$-s_1^T A e_3 = -2 + s_{11},$$

mithin

$$-s_1^T A\, e_1 + s_1^T A\, s_2 = -2s_{22} - 4s_{23} \leq 0,$$

$$-s_1^T A\, e_2 + s_1^T A\, s_2 = 2s_{21} - 2s_{23} \leq 0, \quad \text{falls } s_{21} \leq s_{23},$$

$$-s_1^T A\, e_3 + s_1^T A\, s_2 = 4s_{21} + 2s_{22} > 0, \quad \text{falls } s_{21} + s_{22} > 0.$$

Wählen wir $U_2 = \{s_2 \in S_2 \mid s_{21} \leq s_{23} \text{ und } s_{21} + s_{22} > 0\}$, so folgt

$$\varphi_{21}(s) = \varphi_{22} = 0 \quad \text{und} \quad \varphi_{23}(s) > 0 \quad \text{für alle } s \in S_1 \times U_2.$$

Daraus folgt

$$f_{21}(s) = \tfrac{s_{21}}{1+4s_{21}+2s_{22}}, \quad f_{22}(s) = \tfrac{s_{22}}{1+4s_{21}+2s_{22}},$$

$$f_{23}(s) = \tfrac{s_{22}+4s_{21}+2s_{22}}{1+4s_{21}+2s_{22}} \quad \text{für } s \in S_1 \times U_2$$

und daher

$$f_{21}(s) < s_{21}, \quad f_{22}(s) < s_{22}, \quad f_{23}(s) > s_{23} \quad \text{für alle } s \in S_1 \times U_2.$$

Es folgt auch

$$f_{21}(s) \leq f_{23}(s) \quad \text{und} \quad f_{21}(s) + f_{22}(s) > 0 \quad \text{für alle } s \in S_1 \times U_2.$$

Das impliziert $f_2(S_1 \times U_2) \subseteq U_2$ und daher $f_1(U_1 \times U_2) \subseteq U_1$ sowie $f_2(U_1 \times U_2) \subseteq U_2$.

Wenn wir jetzt ein $s^\circ \in U_1 \times U_2$ wählen und eine Folge $(s^\ell)_{\ell \in I\!N_0}$ definieren vermöge $s^{\ell+1} = f(s^\ell)$, so folgt

$$s^\ell \in U_1 \times U_2 \quad \text{für alle } \ell \in I\!N_0,$$

und die Folge $(s^\ell)_{\ell \in I\!N_0}$ konvergiert gegen ein $\hat{s} \in S_1 \times S_2$ mit

$$\hat{s}_{11} = \frac{\hat{s}_{11}}{1 + \hat{s}_{11}}, \quad \hat{s}_{12} = \frac{1}{1 + \hat{s}_{11}}$$

und

$$\hat{s}_{21} = \frac{\hat{s}_{21}}{1 + 4\hat{s}_{21} + 2\hat{s}_{22}}, \quad \hat{s}_{22} = \frac{\hat{s}_{22}}{1 + 4\hat{s}_{21} + 2\hat{s}_{22}}, \quad \hat{s}_{23} = \frac{\hat{s}_{23} + 4\hat{s}_{21} + 2\hat{s}_{22}}{1 + 4\hat{s}_{21} + 2\hat{s}_{22}},$$

woraus folgt $\hat{s}_{11} = 0$, $\hat{s}_{12} = 1$, $\hat{s}_{21} = \hat{s}_{22} = 0$, $\hat{s}_{23} = 1$.

Damit gilt $s^\ell \to (e_2, e_3)$, und (e_2, e_3) ist ein Nash-Gleichgewicht.

Ist das Spiel symmetrisch, so gilt $m_1 = m_2 = m$,

$$S_1 = S_2 = S = \{s \geq \theta_m |\ \sum_{j=1}^{m} s_j = 1\} \quad \text{und} \quad -A = A^T.$$

In diesem Fall ist $(\hat{s}, \hat{s}) \in S \times S$ ein Nash-Gleichgewicht genau dann, wenn gilt

$$\hat{s}^T A \hat{s} = \max_{j=1,\ldots,m} e_j^T A \hat{s}. \tag{4.64}$$

Nun ist für jedes $s \in S$

$$s^T A s = -s^T A^T s = -s^T A s = 0.$$

Daher ist $(\hat{s}, \hat{s}) \in S \times S$ genau dann ein Nash-Gleichgewicht, wenn gilt

$$\max_{j=1,\ldots,m} e_j^T A \hat{s} = 0. \tag{4.65}$$

Für jedes $j = 1, \ldots, m$ und jedes $s \in S$ definieren wir

$$\varphi_j(s) = \max(0, e_j^T A s)$$

und

$$f_j(s) = \frac{1}{1 + \sum\limits_{k=1}^{m} \varphi_k(s)} (s_j + \varphi_j(s)).$$

Dann erweist sich (4.65) als äquivalent zu

$$\varphi_j(\hat{s}) = 0 \quad \text{für} \quad j = 1, \ldots, m \tag{4.66}$$

und weiterhin zu

$$f_j(\hat{s}) = \hat{s}_j \quad \text{für} \quad j = 1, \ldots, m. \tag{4.67}$$

Ein Beispiel: $m = 3$, $S = \{s \geq \theta_3 |\ s_1 + s_2 + s_3 = 1\}$ und $A = \begin{pmatrix} 0 & 5 & -4 \\ -5 & 0 & 3 \\ 4 & -3 & 0 \end{pmatrix}$

Für jedes $s \in S$ folgt

$$e_1^T A s = 5s_2 - 4s_3, \quad e_2^T A s = -5s_1 + 3s_3, \quad e_3^T A s = 4s_1 - 3s_2.$$

Bedingung (4.65) $\Longleftrightarrow$ (4.66) ist äquivalent zu

$$5\hat{s}_2 - 4\hat{s}_3 \leq 0, \quad -5\hat{s}_1 + 3\hat{s}_3 \leq 0, 4\hat{s}_1 - 3\hat{s}_2 \leq 0,$$

woraus

$$\hat{s}_2 \leq \frac{4}{5}\hat{s}_3 \leq \frac{4}{3}\hat{s}_1 \leq \hat{s}_2 \quad \text{und somit} \quad \hat{s}_2 = \frac{4}{5}\hat{s}_3 = \frac{4}{3}\hat{s}_1$$

folgt. Daraus folgt weiter

$$\hat{s}_1 + \frac{4}{3}\hat{s}_1 + \frac{4}{3}\hat{s}_1 = 4\hat{s}_1 = 1 \quad \text{und somit} \quad \hat{s}_1 = \frac{1}{4}, \ \hat{s}_2 = \frac{1}{3}, \hat{s}_3 = \frac{5}{12}.$$

Kapitel 5

Appendix

5.1 Lineare Ungleichungen

Im Folgenden sollen einige Sätze über lineare Ungleichungen zusammengestellt werden, die in früheren Abschnitten benutzt worden sind. Dazu denken wir uns eine $m \times n$-Matrix A und einen Vektor $b \in I\!R^n$.

Dann gilt der

Satz 5.1 (Farkas-Lemma): Entweder hat die Gleichung

$$A^T x = b \tag{5.1}$$

eine Lösung $x \in I\!R^m$, $x \geq \theta_m$, oder die Ungleichungen

$$Ay \geq \theta_m, \ b^T y < 0 \tag{5.2}$$

haben eine Lösung $y \in I\!R^n$.

Geometrische Bedeutung: Seien $a_1, \ldots, a_m$ die Spaltenvektoren von A^T. Dann ist die Menge

$$K = \{z = \sum_{i=1}^{m} x_i \, a_i = A^T x \mid x \in I\!R^m, \ x \geq \theta_m\}$$

ein konvexer Kegel mit θ_n als Scheitel, und die Aussage (5.1) besagt $b \in K$. Ist (5.1) nicht lösbar, so ist $b \notin K$, und es gibt eine Hyperebene

$$H = \{z \in I\!R^n \mid y^T z = 0\},$$

die K und b "trennt", d.h.

$$y^T z \geq 0 \ \text{ für alle } \ z \in K \ \text{ und } \ y^T b < 0.$$

Diese Aussage ist aber gleichbedeutend mit (5.2).

(5.1) und (5.2) können nicht zugleich lösbar sein, denn wäre $x \in I\!R^m$, $x \geq \theta_m$, eine Lösung von (5.1) und $y \in I\!R^n$ eine Lösung von (5.2), so wäre

$$0 > b^T y = x^T A y \geq 0, \ \text{ ein Widerspruch.}$$

Als nächstes formulieren wir den

Satz 5.2: Entweder hat die Ungleichung

$$A^T x \geq b \tag{5.3}$$

eine Lösung $x \in I\!R^m$, $x \geq \theta_m$, oder die Ungleichungen

$$A y \leq \theta_m, \ b^T y > 0 \tag{5.4}$$

haben eine Lösung $y \in I\!R^n$, $y \geq \theta_n$.

Wiederum sieht man leicht ein, daß (5.3) und (5.4) nicht zugleich lösbar sein können.

Nun nehmen wir an, (5.3) habe keine Lösung $x \in I\!R^m$, $x \geq \theta_m$. Dann hat auch die Gleichung

$$A^T x - E v = b, \ E = n \times n - \text{Einheitsmatrix,}$$

keine Lösung $\left(\begin{smallmatrix} x \\ v \end{smallmatrix}\right) \in I\!R^{m+n}$, $\left(\begin{smallmatrix} x \\ v \end{smallmatrix}\right) \geq \theta_{m+n}$.

Nach Satz 5.1 haben die Ungleichungen

$$\left(\begin{smallmatrix} A \\ -E \end{smallmatrix}\right) \tilde{y} \geq \theta_{m+n}, \ b^T \tilde{y} < 0$$

eine Lösung $\tilde{y} \in I\!R^n$. Setzt man $y = -\tilde{y}$, so ist $y \in I\!R^n$ eine Lösung von (5.4) mit $y \geq \theta_n$.

Weiterhin gilt der

Satz 5.3: Entweder hat die Ungleichung

$$A^T x \geq \theta_n \tag{5.5}$$

eine Lösung $x \in \mathbb{R}^m$, $x \geq \theta_m$, $x \neq \theta_m$, oder die Ungleichung

$$Ay < \theta_m \qquad (5.6)$$

hat eine Lösung $y \in \mathbb{R}^n$, $y \geq \theta_n$.

Beweis: (5.5) und (5.6) können wiederum nicht zugleich lösbar sein. Nun nehmen wir an, (5.5) habe keine Lösung $x \in \mathbb{R}^m$, $x \geq \theta_m$, $x \neq \theta_m$. Dann hat

$$A^T x \geq \theta_n$$
$$e^T x \geq 1, \quad e^T = (1, \ldots, 1),$$

keine Lösung $x \in \mathbb{R}^m$, $x \geq \theta_m$. Nach Satz 5.2 haben die Ungleichungen

$$Ay + y_{n+1} \leq \theta_m, \ y_{n+1} > 0$$

eine Lösung $y \geq \theta_n$, $y_{n+1} \geq 0$. Damit hat (5.6) eine Lösung $y \in \mathbb{R}^n$ mit $y \geq \theta_n$.

5.2 Hauptsätze der linearen Optimierung

Vorgegeben seien eine $m \times n$-Matrix A, ein Vektor $b \in \mathbb{R}^m$ und ein Vektor $c \in \mathbb{R}^n$. Dann lautet das *Standard-Problem der linearen Optimierung* folgendermaßen: Gesucht ist ein Vektor $x \in \mathbb{R}^n$ mit

$$x \geq \theta_n, \ Ax \geq b, \qquad (5.7)$$

der die Linearform $c^T x$ zum Minimum macht.

Das zu diesem Problem *duale Problem* lautet: Gesucht ist ein Vektor $y \in \mathbb{R}^m$ mit

$$y \geq \theta_m, \ A^T y \leq c, \qquad (5.8)$$

der die Linearform $b^T y$ zum Maximum macht.

Satz 5.4 (schwacher Dualitätssatz): Erfüllt $x \in \mathbb{R}^n$ die Bedingungen (5.7) und $y \in \mathbb{R}^m$ die Bedingungen (5.8), so folgt $b^T y \leq c^T x$.

Beweis: $b^T y \leq x^T A^T y \leq x^T c = c^T x$.

Als Folgerung ergibt sich unmittelbar der

Satz 5.5: Erfüllt $x \in I\!R^n$ die Bedingungen (5.7) und $y \in I\!R^m$ die Bedingungen (5.8), und gilt $b^T y = c^T x$, so ist x eine Lösung des Standard-Problems und y eine Lösung des dualen Problems.

Entscheidend ist die Umkehrung, nämlich der

Satz 5.6 (Existenzsatz): Gibt es ein $x \in I\!R^n$ mit (5.7) und ein $y \in I\!R^m$ mit (5.8), so sind beide Probleme lösbar, und die Extremwerte stimmen überein.

Gibt es kein $x \in I\!R^n$ mit (5.7) oder kein $y \in I\!R^m$ mit (5.8), so hat keines der beiden Probleme eine Lösung.

Eine unmittelbare Folgerung des Existenzsatzes ist der

Satz 5.7 ((starker) Dualitätssatz): Ist eines der beiden Probleme lösbar, so auch das andere, und die Extremwerte stimmen überein.

5.3   Asymptotische Stabilität von Fixpunkten

In diesem Abschnitt betrachten wir zeitdiskrete dynamische Systeme von der Art, wie sie in Abschnitt 4.4 in spezieller Form benutzt worden sind, um Evolutionsspiele mit einer Dynamik zu versehen. Zu dem Zweck gehen wir aus von einer stetigen Abbildung $f : X \to X$ einer nichtleeren Teilmenge $X \subseteq I\!R^n$. Das zugehörige zeitdiskrete dynamische System ist dann gegeben durch die Folge $(f^n)_{n \in I\!N_0}$ mit

$$f^0(x) = x \text{ und } f^n(x) = \underbrace{f \circ f \circ \cdots \circ f}_{\text{n-mal}}(x) \text{ für alle } x \in X.$$

Ein Punkt $x^* \in X$ heißt Fixpunkt von f, falls gilt $f(x^*) = x^*$. Ein Punkt $x^* \in X$ heißt Attraktor in Bezug auf f, wenn es eine relativ offene Teilmenge $U \subseteq X$ gibt mit $x^* \in U$ und

$$\lim_{n \to \infty} f^n(x) = x^* \text{ für alle } x \in U.$$

Ein Punkt $x^* \in X$ heißt stabil in Bezug auf f, wenn es zu jeder relativ kompakten und relativ offenen Teilmenge $U \subseteq X$ mit $x^* \in U$ eine relativ offene Teilmenge $W \subseteq U$ gibt mit $x^* \in W$ und

$$f^n(x) \in U \text{ für alle } x \in W \text{ und alle } n \in I\!N_0.$$

Ein Punkt $x^* \in X$ heißt asymptotisch stabil in Bezug auf f, wenn x^* ein Attraktor und stabil in Bezug auf f ist.

Nun sei $G \subseteq X$ eine nichtleere Teilmenge.

Definition: Eine Funktion $V : X \to I\!R$ heißt Lyapunov-Funktion in Bezug auf f und G, wenn

(1) V auf X stetig ist;

(2) $V(f(x)) - V(x) \leq 0$ für alle $x \in G$.

Mit diesen Definitionen gilt der folgende

Satz 5.8: Sei $x^* \in X$ ein Fixpunkt von f. Weiter existiere eine relativ offene Teilmenge $G \subseteq X$ mit $x^* \in G$ und eine Lyapunov-Funktion V in Bezug auf f und G, die positiv definit ist in Bezug auf x^*, d.h., es gilt

$$V(x) \geq 0 \text{ für alle } x \in G \text{ und } (V(x) = 0 \Longleftrightarrow x = x^*).$$

Dann ist x^* stabil in Bezug auf f.
  Gilt zusätzlich

$$V(f(x)) < V(x) \text{ für alle } x \in G \text{ mit } x \neq x^*,$$

so ist x^* asymptotisch stabil in Bezug auf f.

Beweis: Sei $U \subseteq X$ eine relativ kompakte, relativ offene Teilmenge von X mit $x^* \in U$. Setzen wir $U^* = U \cap G$, so ist U^* ebenfalls eine relativ kompakte, relativ offene Teilmenge von X mit $x^* \in U^*$. Daher gibt es ein $r > 0$ derart, daß gilt

$$\overline{B_r(x^*)} = \{x \in X \mid \|x - x^*\|_2 \leq r\} \subseteq U^*.$$

Da f stetig in x^* ist, gibt es ein $s \in (0, r)$ mit $f(B_s(x^*)) \subseteq B_r(x^*)$. Setzen wir $B_{U^*} = B_s(x^*)$, so folgt $f(B_{U^*}) \subseteq U^*$, B_{U^*} ist offen in X und $x^* \in B_{U^*}$. Wir setzen nun

$$m = \min\{V(x) \mid x \in \bar{U}^* \backslash B_{U^*}\}.$$

Wegen $x^* \notin \bar{U}^* \backslash B_{U^*}$ folgt $m > 0$. Wenn wir nun definieren

$$W = \{x \in U^* | \ V(x) < m\},$$

dann ist W offen in X und $x^* \in W \subseteq B_{U^*}$.

Nun sei $x \in W$ beliebig gewählt. Dann folgt $x \in B_{U^*}$ und somit $f(x) \in U^*$. Weiter gilt

$$V(f(x)) \leq V(x) < m, \quad \text{mithin} \ \ f(x) \in W \subseteq B_{U^*}.$$

Das impliziert $f^2(x) = f(f(x)) \in U^*$ und somit

$$V(f^2(x)) \leq V(f(x)) < m, \quad \text{mithin} \ \ f^2(x) \in W.$$

Durch Iteration ergibt sich

$$f^n(x) \in W \subseteq U^* \subseteq U \ \ \text{für alle} \ \ n \in I\!N_0,$$

und x^* ist somit stabil in Bezug auf f.

Aus der Konstruktion von W ergibt sich, daß W relativ kompakt und offen in X ist. Weiter gilt $f(W) \subseteq W$, $x^* \in W$ und $\bar{W} \subseteq G$.

Nun sei $x \in W$ beliebig gewählt. Wir nehmen an, es sei $f^n(x) \not\to x^*$. Dann gibt es eine Teilfolge $(f^{n_k}(x))_{k \in I\!N_0}$ und ein $\bar{x} \in \bar{W}$ mit $\bar{x} \neq x^*$ und

$$\lim_{k \to \infty} f^{n_k}(x) = \bar{x}. \tag{$*$}$$

$f^{n_k}(x) \in W$ für alle $k \in I\!N_0$ impliziert $f(f^{n_k}(x)) \in W$ für alle $k \in I\!N_0$ und somit

$$f(f^{n_k}(x)) \to f(\bar{x}) \in \bar{W} \subseteq G.$$

Daher gibt es eine Umgebung $B = \{z \in W | \ \|z - \bar{x}\|_2 \leq \varepsilon\}$ von $\bar{x}$ mit $x^* \notin B$ und $f(B) \subseteq G$. Für jedes $z \in B$ ist daher $V(f(z)) < V(z)$ und

$$q = \sup_{z \in B} \frac{V(f(z))}{V(z)} < 1, \quad \text{d.h.} \ V(f(z)) \leq q \, V(z) \ \text{für alle} \ z \in B.$$

Wegen $(*)$ gibt es ein $k_0 \in I\!N_0$ mit $f^{n_k}(x) \in B$ für alle $k \geq k_0$. Daraus folgt für alle $k \geq k_0$ wegen $f^n(f^{n_k}(x)) \in W \subseteq G$ für alle $n \in I\!N$

$$V(f^{n_{k+1}}(x)) = V(f^{n_{k+1}-n_k-1}(f^{n_k+1}(x))) \leq V(f^{n_k+1}(x)) \leq q \, V(f^{n_k}(x))$$

und durch Iteration

$$V(f^{n_{k_0}+\ell}(x)) \leq q^{\ell} \, V(f^{n_{k_0}}(x)) \quad \text{für alle} \ \ell \in I\!N.$$

Daraus folgt

$$\lim_{\ell \to \infty} V(f^{n_{k_0}+\ell}(x)) = 0 \ \text{ und somit } \ V(\bar{x}) = 0,$$

was wegen $\bar{x} \neq x^*$ nicht möglich ist. Die obige Annahme $f^n(x) \not\to x^*$ ist also falsch und somit

$$f^n(x) \to x^* \quad \text{für alle} \ x \in W,$$

was zeigt, daß x^* ein Attraktor in Bezug auf f ist.

5.4 Der Fixpunktsatz von Kakutani

Der Fixpunktsatz von Kakutani ist eine Verallgemeinerung des Brouwerschen Fixpunktsatzes, welcher besagt, daß eine stetige Abbildung einer konvexen, kompakten Teilmenge eines n-dimensionalen euklidischen Raumes in sich mindestens einen Fixpunkt besitzt.

Zu seiner Formulierung benötigt man Mengen-wertige Abbildungen. Dazu gehen wir von einer nichtleeren Teilmenge $K \subseteq I\!R^n$ (versehen mit der euklidischen Norm) aus und betrachten eine Abbildung F von K in die Potenzmenge 2^K von K, die jedem $x \in K$ eine nichtleere Teilmenge $F(x) \subseteq K$ zuordnet. Ein Punkt $\hat{x} \in K$ heißt Fixpunkt von F, falls gilt $\hat{x} \in F(\hat{x})$. Ist speziell jedes $F(x)$, $x \in K$, einelementig, so stimmt diese Definition mit der üblichen Definition eines Fixpunktes überein.

Definition: Eine Abbildung $F : K \to 2^K$ heißt in $x \in K$ von oben halbstetig, falls für jede Folge $(x_k)_{k \in I\!N}$ in K mit $x_k \to x$ und jede Folge $(y_k)_{k \in I\!N}$ in K mit $y_k \in F(x_k)$ für alle $k \in I\!N$ und $y_k \to y$ gilt $y \in F(x)$. Nach diesen Vorbereitungen formulieren wir jetzt den

Fixpunktsatz von Kakutani: Sei $K \subseteq I\!R^n$ eine kompakte, konvexe Teilmenge, und sei $F : K \to 2^K$ eine Abbildung in die Menge der kompakten, konvexen Teilmengen von K, die in jedem $x \in K$ von oben halbstetig ist. Dann besitzt F einen Fixpunkt, d.h. es gibt ein $\hat{x} \in K$ mit $\hat{x} \in F(\hat{x})$.

Einen Beweis dieses Satzes findet man z.B. (sogar für allgemeine Banachräume anstelle von $I\!R^n$) in dem Buch "Differential Inclusions" von J. P. Aubin und A. Cellina, erschienen 1980 im Springer-Verlag: Berlin, Heidelberg, New York, Tokyo.

Wir wollen diesen Satz jetzt anwenden, um für nicht-kooperative n-Personen-Spiele unter geeigneten Voraussetzungen die Existenz von Nash-Gleichgewichten zu beweisen.

Sei also $(S_1, \ldots, S_n, \phi_1, \ldots, \phi_n)$ ein n-Personen-Spiel für $n \geq 2$ mit Strategiemengen S_i, $i = 1, \ldots, n$, und Auszahlungsfunktionen $\phi_i : S_1 \times \cdots \times S_n \to I\!R$ für $i = 1, \ldots, n$.

Wir nehmen an, daß jede Strategiemenge S_i eine nichtleere Teilmenge eines $I\!R^{m_i}$ ist, und setzen $S = S_1 \times \cdots \times S_n$. Dann ist S eine nichtleere Teilmenge von $I\!R^m$ mit $m = m_1 + \cdots + m_n$.

Nun sei $F : S \to 2^S$ eine Abbildung, die jedem n-Tupel $(s_1^*, \ldots, s_n^*) \in S$ die Menge $F(s^*)$ aller n-Tupel $(\tilde{s}_1, \ldots, \tilde{s}_n) \in S$ mit

$$\phi_i(s_1^*, \ldots, s_{i-1}^*, \tilde{s}_i, s_{i+1}^*, \ldots, s_n^*) \geq \phi_i(s_1^*, \ldots, s_{i-1}^*, s_i, s_{i+1}^*, \ldots, s_n^*)$$
$$\text{für alle } s_i \in S_i \text{ und } i = 1, \ldots, n \tag{5.9}$$

zuordnet.

Die Menge $F(s^*)$ ist nichtleer, falls $S_i \subseteq I\!R^{m_i}$ für jedes $i = 1, \ldots, n$ kompakt und jede Abbildung $\phi_i(s_i^*, \ldots, s_{i-1}^*, \cdot, s_{i+1}^*, \ldots, s_n^*) : S_i \to I\!R$ stetig ist. Offenbar ist $\hat{s} \in S$ genau dann ein Nash-Gleichgewicht, falls gilt $\hat{s} \in F(\hat{s})$, d.h., wenn $\hat{s}$ ein Fixpunkt von F ist.

Nach diesen Vorbereitungen können wir den folgenden Existenzsatz formulieren:

Satz 5.9: Seien die Strategiemengen $S_i \subseteq I\!R^{m_i}$, $i = 1, \ldots, n$, konvex und kompakt. Ferner seien für jedes $s^* \in S$ die Abbildungen $\phi_i(s_i^*, \ldots, s_{i-1}^*, \cdot, s_{i+1}^*, \ldots, s_n^*) : S_i \to I\!R$ konkav und stetig für $i = 1, \ldots, n$. Dann existiert ein Nash-Gleichgewicht.

Beweis: Wir haben zu zeigen, daß die vermöge (5.9) definierte Abbildung $F : S \to 2^S$ einen Fixpunkt besitzt. Zunächst bemerken wir, daß S als cartesisches Produkt konvexer und kompakter Mengen S_i ebenfalls konvex und kompakt in $I\!R^m$ ist. Weiter ist für jedes $s^* \in S$ die Menge $F(s^*)$ ebenfalls konvex und kompakt (Beweis = Übung). Wenn wir dann noch zeigen, daß F in jedem $s \in S$ von oben halbstetig ist, so folgt aus dem Fixpunktsatz von Kakutani die Existenz eines Fixpunktes von F und damit eines Nash-Gleichgewichtes. Sei also $s^* \in S$ beliebig vorgegeben. Ferner seien $(s^k)_{k \in I\!N}$ und $(\tilde{s}^k)_{k \in I\!N}$ zwei Folgen in S mit $s^k \to s^*$ und $\tilde{s}^k \in F(s^k)$ für alle $k \in I\!N$ sowie $\tilde{s}^k \to \tilde{s} \in S$.

Dann folgt für jedes $k \in I\!N$

$$\phi_i(s_1^k, \ldots, s_{i-1}^k, \tilde{s}_i^k, s_{i+1}^k, \ldots, s_n^k) \geq \phi_i(s_1^k, \ldots, s_{i-1}^k, s_i, s_{i-1}^k, s_i, s_{i+1}^k, \ldots, s_n^k)$$

$$\text{für alle } s_i \in S_i \text{ und } i = 1, \ldots, n.$$

Daraus folgt

$$\phi_i(s_1^*, \ldots, s_{i-1}^*, \tilde{s}_i, s_{i+1}^*, \ldots, s_n^*) \geq \phi_i(s_1^*, \ldots, s_{i-1}^*, s_i, s_{i+1}^*, \ldots, s_n^*)$$

$$\text{für alle } s_i \in S_i \text{ und } i = 1, \ldots, n,$$

d.h., $\tilde{s} \in F(s^*)$. Das vollendet den Beweis.

Dieser Satz ist eine Verallgemeinerung von Satz 1.10*.

5.5 Bibliographische Bemerkungen

Der Beweis des Sattelpunktstheorems für Zwei-Personen-Nulsummenspiele über die Theorie der linearen Ungleichungen (siehe Abschnitt (1.1.4) findet sich auch in dem Buch [4] von D. Gale mit dem Titel: "The Theory of Linear Economic Models".

Den Abschnitten 1.1.6 und 4.4 über Evolutions-Matrix-Spiele liegt die Doktorarbeit [7] von Jinming Li über "Das dynamische Verhalten diskreter Evolutionsspiele" zugrunde.

Die informelle Behandlung von Baumspielen in Abschnitt 1.1.7.1 wurde dem Buch [1] von A. Beck, M. N. Bleicher und D. W. Crowe über "Excursions into Mathematics" entnommen. Die formale Behandlung in Abschnitt 1.1.7.2 findet man (sogar für n-Personen-Spiele) in dem Buch [11] von J. Rosenmüller über "The Theory of Games and Markets".

Der Nachweis der Existenz eines Nash-Gleichgewichtes in der gemischten Erweiterung eines n-Personen-Spieles mit endlichen Strategiemengen in Abschnitt 1.2.1 wurde der Arbeit [8] von John Nash entnommen.

Die Ergebnisse über Drei-Personen-Nullsummen-Spiele in Abschnitt 1.2.3 sind auch schon in der Arbeit [9] von John von Neumann über die Theorie der Gesellschaftsspiele enthalten.

In dem Buch [3] "Cooperative Games, Solutions and Applications" von Th. Driessen finden sich zahlreiche Lösungskonzepte für kooperative Spiele. Insbesondere wird der sog. τ-Wert quasibalancierter Spiele untersucht (vgl. Abschnitt 2.3.2). Es werden notwendige und hinreichende Bedingungen dafür angegeben, daß er zum Core eines solchen Spieles gehört (vgl. dazu Abschnitt 2.3.3). Dort wird auch der Satz (von Shapley und Bondareva) bewiesen, daß der Core eines n-Personen-Spieles genau dann nichtleer ist, wenn das Spiel balanciert ist (vgl. dazu Abschnitt 2.2.1). Die Berechnung eines Core-Elementes in einem Produktionsspiel in Abschnitt 2.2.4 wurde der Arbeit [10] von G. Owen entnommen.

Die Berechnung eines Core-Elementes in einem konvexen Spiel in Abschnitt 2.2.5 findet sich auch in dem genannten Buch [11] von J. Rosenmüller. Die in Abschnitt 2.4 behandelten Kostenspiele werden in dem Buch [3] von Th. Driessen untersucht, die in Abschnitt 2.5 dargestellten Anwendungen ebenfalls.

Die in Abschnitt 3 dargestellte Überführung nichtkooperativer in kooperative Spiele, deren Core nichtleer ist, basiert auf der Arbeit [5] und wird auch in dem Buch [6] dargestellt.

Die in Abschnitt 3.4 behandelte von Neumannsche Theorie der kooperativen Spiele findet sich ebenfalls in dem Buch [2] von E. Burger mit dem Titel "Einführung in die Theorie der Spiele".

Die in Abschnitt 4 dargestellte Theorie dynamischer Spiele wurde dem Buch [6] entnommen.

Literaturverzeichnis

[1] A. Beck, M. N. Bleicher, D. W. Crowe: Excursions into Mathematics. Worth Publishers, Inc., 1969.

[2] E. Burger: Einführung in die Theorie der Spiele. 2. Auflage, Walter de Gruyter & Co, 1966.

[3] Th. Driessen: Cooperative Games. Solutions and Applications. Kluwer Academic Publishers, 1988.

[4] D. Gale: The Theory of Linear Economic Models. McGraw-Hill Book Company, 1960.

[5] W. Krabs: A Cooperative Treatment of an n-Person Cost-Goal-Game. Mathematical Methods of Operations Research **57**, 309–319 (2003).

[6] W. Krabs and St. W. Pickl: Analysis, Controllability and Optimization of Time-Discrete Systems and Dynamical Games. Lecture Notes in Economics and Mathematical Systems No 529. Springer Verlag 2003.

[7] Jinming Li: Das dynamische Verhalten diskreter Evolutionsspiele. Shaker Verlag, 1999.

[8] J. Nash: Non-Cooperative Games. Annals of Mathematics **54**, 286–295 (1951).

[9] J. v. Neumann: Zur Theorie der Gesellschaftsspiele. Mathematische Annalen **100**, 295–320 (1928).

[10] G. Owen: On the Core of Linear Production Games. Mathematical Programming **9**, 358–370 (1975).

[11] J. Rosenmüller: The Theory of Games and Markets. North-Holland Publishing Company, 1981.